# NOT JUST

# A

# BARTEN

# DER

# 一杯

酒杯裡的有價技術解密、
酒譜創作與酒吧苦甘日常

Allen 鄭亦倫————著

## 調酒師的修煉與思考

N O T   J U S T   A   B A R T E N D E R !

# 入魂！

# 目錄
## Contents

# 推薦序
## Foreword

有些人用文字描繪世界，有些人用影像描繪世界，調酒師 Allen 則是用調酒來訴說他的冒險。

一篇篇，帶著我們去到很多沒有去過的地方。嚐著陌生的食材，以及這些元素與酒精冰塊的重新組合。Allen 是位非常會說故事的人，是吧台前的說書人。

他總是能回答各種問題，分享各種經歷，有時候用言語，有時候用調酒。作為 Allen 調酒世界的眾多客人之一，自己彷彿是出現在單元劇裡一幕幕輪流登場的角色。

於是我們來來去去，在這裡補充酒精，在這裡補充食物，在這裡補充那些跟酒有關的歷史，跟酒有關的冒險。調酒師總是很神秘，調酒師總是像位武術高手。優雅地、沉穩地、熟練地，總可以即時地從過去累積的技藝發展出各種創作，不停拆招也不停地展開，不停地端出一杯一杯。

這次他端出了一本酒譜，一本秘笈，一本自己也可以跟著學藝的招數拆解，還有一段段不歸路的歷程。但看完了這些序篇，還是想著，趕快回到吧台前，好書也還是要有好酒配。

APUJAN 創意總監　詹朴

**我**們正在籌備一部以 Allen 為原型人物的劇集「喝酒吧，笨蛋！」這個項目從認識 Allen 開始我就想做，算一算也超過十年了（對，我就是那個笨蛋，哈哈！）

我覺得 Allen 是一個有老靈魂的調酒師，儘管好的調酒師就像神父一樣，必須善於聆聽教徒的告解，但是坐在吧台前聽 Allen 講他遇過的形形色色客人們的故事，卻是我下班作為酒客時一段「醉」好的時光。

一如他總是樂於分享他在吧台觸及的各種人生滋味，我想把 Allen 的故事拍出來，這樣下回我們在酒吧相遇，就有更多有趣的事情可以聊了不是嗎？

電影監製 陳寶旭

**F**ourplay 二店重新裝潢後，吧台正中央多了一個令人眼睛為之一亮的生態池，店裡也有了一個特別的名稱——Drizzle。

走進 Allen 的工作室，看到這位大名鼎鼎的調酒師捲起袖子蹲在地上攪拌著泥漿，他正在把進貨用的廢紙箱重製成店裡客人用的杯墊。如同生態池裡蕨類、魚蝦共生繁衍的狀態，他在想的永續，不光只是招攬生意的噱頭，而是這片土地、我們的生活；譬如用了一次就丟的杯墊，譬如沒有人要的香蕉花、柳杉葉。

跟著 Allen 到太平山去找柳杉葉，海拔近 2000 公尺的柳杉葉上有露水、土地、山嵐的味道，採集後要盡快冷凍保存，離開山林過了一夜就不新鮮了。前一夜在山莊過夜，一大早上山採集，過了中午就趕忙將素材運回台北冷藏。邊下山邊扛

著數十公斤柳杉葉的Allen，說著下一次準備開發的酒單，要以台灣高海拔為構想出發。

認識Allen不到三年的時間，卻覺得這個朋友實在相見恨晚。Allen詼諧幽默地說著自己從年輕狂妄的小夥子入行，成為獨當一面出神入化的調酒師，到現在變成顧家疼女的中年大叔故事。

我知道一個人要能走得夠遠，站過山巔、經過谷底，付出過所有、歷經風霜，不只是為了自己，而是愛著土地和人，才能轉化擁有的才華與能力，留下真正動人的溫暖與陪伴。

一位調酒師不僅要懂酒，各種植物花草、食材香料，如何調製搭配才能從視覺、嗅覺、味覺的前中後段綻放不同層次；誰為主、誰為輔，誰是偷偷被品嘗到的驚喜，誰要躲在舌尖後待所有繽紛過後，再慢慢浮出一抹微香餘韻。

我知道調酒這件事對Allen來說不是獨樹一格的炫技，也不是爭奇鬥豔的賣場；調酒應該如同日常，有甜蜜歡笑，有淚水有孤單，有甘苦無常。如同喝酒，可以狂野奔放，可以沒有明天，可以細細品嘗；但狂歡過後的餘溫，希望像Drizzle，濛濛細雨，伴你入眠，陪你回家。

演員 莫子儀

坐在 Drizzle 的餐桌座位上，看著吧台內服裝筆挺，梳著整齊油亮髮型的 Allen，展現出從容帥氣且節奏感十足的魅力，難怪能成為眾多粉絲的偶像，人說台上一分鐘台下十年工，從 Allen 的身上就可以得到印證。

每個人離開了原有的舒適圈進入社會，對未來滿懷著理想及相當的期許。看著 Allen 描述進入職場時忐忑不安的心情，我個人能感同身受，回想自己初入陌生環境學習時，既感覺新鮮、滿懷期待但又怕受傷。加上以前是師徒制，資訊沒那麼發達，完全是透過師傅教導的口耳相傳，做（錯）中學、學中做，從身體力行得到學習經驗，雖然過程中會得到挫敗的苦果，也因為這樣子所得到的回饋是最大的，藉此讓你一天的疲憊完全解除、身心舒暢，產生無比的成就感，這是沒有身歷其境者難能體會的。

修煉過程中若有付出就必有收穫，這也是為未來儲備能量及創造利用的價值，就如同梅花一樣：「非經一番寒徹骨、哪得梅花撲鼻香」，讓時下的年輕人知道，必須要先努力才能有收穫。Allen 大器地與大家分享他修煉的果實及經驗，無論是準備進入職場的未來職人或是居家調酒愛好者，都可運用這本書得到應有的成果，可以說是一本集結經驗與創作分享的參考書。

Allen，我們一起加油、努力繼續修煉學習，熱情地與大家分享及傳承。

亞都麗緻飯店天香樓行政主廚　楊光宗

Allen哥調的不只是酒，而是心境與生命的層次。如果只能擇一，Allen哥最最迷人的地方，那肯定就是他「永遠不減嚴重的好奇心」。因為這一份閃閃熾熱的好奇心，使得經他手調出來的酒都無法被復刻且獨一無二，專屬於當下當前最重要的存在。

看完《一杯入魂！調酒師的修煉與思考》你可能會有兩種醉酒反應。第一你可能會手癢，忍不住想試試是否能循著他的文字味敘，調出屬於自己新的酒花；第二你可能也會心癢，是否就在人生的轉彎處，勇敢地讓新的可能成真，回到十八歲的真摯無懼。

人生該醉，為所愛的人事物傾心，何其甘願。哪天也許就成了Allen哥筆下的「酒吧裡的人生故事」，擁有一杯他給你的特調，我想那會像找到知音一樣幸運又可貴。

金鐘主持人 陳明珠

# 作者序
## Perface

　　不知道大家還記不記得在我第一本書的第六頁，就是作者序旁邊的照片，本人戴著口罩牽著一台有竹籃的腳踏車？對！沒錯！當初就是在疫情下出現了第一本書。當時的我，幾乎每一天都在乞求著老天爺，讓我能夠拿回雪克杯為大家調酒，而不是每天騎著腳踏車為大家送便當。

　　在這龜速的兩年裡，感覺很多準備發生的計劃全部停擺，整個城市進入愁雲慘霧。新聞每日播報的消息和確診數字讓人進入負面情緒的迴圈之中。雖然這兩年著實難熬，但我也不想蹉跎時光（畢竟不再有浪費年歲的本錢了）「既然都市那慘，那我往山上跑總可以吧！」心中的一個念頭，讓我聯絡了植物學家好友──立蘇。

　　「你不要什麼都往嘴巴塞，你不知道有沒有狗在上面尿尿過，洗一下再吃啦！」
　　「你要吃之前先問過我啦！如果舌頭很麻，記得立刻吐掉漱口！」
　　立蘇的耳提面命，在山裡不知道救過我多少回，讓我免受中毒之苦。

　　在山上，我見過陽光灑在參天大樹，以及因為山嵐混濁的視線，行經會讓登山靴下陷的腐植土泥濘地。也看過活蹦亂跳的山羌，想盡辦法趕走想吃我眼白的昆蟲，還有在草叢裡躲過虎頭蜂群的經驗，也在獸徑途中看過巨大蛇蛻。更感受過部落原住民朋友們不分你我的溫暖，見識他們如何「取之、用之、善用之」。因為祖輩的教誨，他們的生活模式早已跟環境永續劃上了等號。

　　「這個香料很香，但是我們要等鳥吃完，才能再上去採，如果不靠鳥來播種，以後我們的小孩很快就再也吃不到囉！」山上的朋友嚴肅地指著樹梢的山肉桂子說。

「這個飯剩下太多啦！我們等下來做小米酒」Ina 看著剩下的晚飯說（Ina：原住民語是媽媽的意思）。

好在，疫情經過了三年，終於看見曙光～疫情好轉之後，都市裡的節奏好像更快，大家都在試圖趕上消失的那幾年。希望一天當三天用！

「好想念高海拔的體感喔！」

因此，我毅然決然趁著大環境還在恢復期，將我的酒吧暫停營業，想把這兩年在山上的感受帶進城市裡，送給喜歡我們調酒的大家。我們將 Fourplay2.0 做了大改造，盡其所能將我在山裡的發現融入店中，並更名為「Drizzle」，它取自於山濛，也讓我對於第二本書有了想賦予的價值和生命力。

在本書中，我會跟大家聊聊如何啟發創意、如何創作自己的Signature、如何將腦中的概念具象化，傳達調酒者的意念。當然，素材的靈活運用和裝飾物的製作也不會少，學會這些，就算是居家調酒也會有專業級的調酒作品出現。我也花了一些篇幅分享我怎麼操作雞尾酒之王──「馬丁尼」，讓讀者更了解調酒師們眼中的「大魔王」。

書裡除了有我近年來對調酒的體悟之外，還有在山中取材調酒的過程和心境。寫著寫著，就這樣，第二本書出現了，我希望將山的一塊借下來，讓來我店裡的大家感受這份高海拔的感動，也希望能將大自然的一小塊，留給騎在我肩上的女兒～

希望老死在吧台的調酒師 Allen 鄭亦倫

# NOT JUST A BARTEN DER

Chapter1

調　　　酒　　　師　　　的

不　　悔　　之　　路

# 我是怎麼成為調酒師的
## Allen's Talk

### 一切，從飯店地獄實習開始說起

　　好，準備好了嗎？想像你平常最愛去的酒吧，鵝黃色的燈光照在深咖啡色木桌上，身旁人客笑得開心或是醉到瘋，此時眼光很自然地聚焦在調酒師身上，看他身穿俐落西裝搭上合身小背心，頭髮抹油後梳，快手組裝完成三件式雪克杯，接著側身以身體的力量帶動手臂手肘，優雅且有韻律地快速 Shake，冰塊喀哩喀哩地快速來回碰撞，快節奏地循環滾動，然後盛裝、放上裝飾、出杯，一氣呵成！！若剛好眼神交會，他擦乾了手走向你，將面前的水杯斟滿，他說「今天想來點什麼？」又剛好展開談笑風生的情節，十連發幹話讓你今晚開心到不行，想像的部分走到這，會不會讓你對調酒有那麼一點憧憬？（欸不是談戀愛，我們在講職業）應該會吧！？

　　十八歲的我，迷戀調酒的味道、調酒師的帥氣，年輕氣盛時期也沒有想太多，單純想往酒吧靠近一點，說不定就是一種命中注定，不管媽媽多麼想在放榜當天看見兒子拿著某某工程學系的入學通知單報喜，但我就只有四海工專（德霖科技大學前身）旅館管理系的掛號信，誰也沒想到接下來的十年、二十年，我都依著吧台生存與生活，從洗杯子、榨檸檬汁，到後來成為一間酒吧的老闆，也是自己年輕時憧憬的樣貌，但可能胖了一點。

我是 Allen 鄭亦倫，今年四十歲，如果你常在台北東豐街走跳，或是每週鎖定收聽「胃流人生」聽聽荒謬的酒吧故事、人生工作談，或許我們都會對彼此有一些印象。調酒不外乎是一種工作，只是多了些人事際遇、上一秒與下一秒的抉擇，要不要請客人一杯 Shot ？下班後要回家休息還是跟同事去唱歌吃宵夜？吧台有三位等著跟我眼神交流的女客人，我該使出迷魂之術還是轉頭去問師傅雪莉，怎麼做「邁泰」比較好喝？其實我也不知道怎麼選擇才是對的，既然你翻開這本書，就來看看我的版本吧。以下說了三萬字句的我，自始至終熱愛調酒與酒吧，真的沒有在唬爛。

## 第一回：2000 年的夏天，我想要變成雪莉

早上十點，溽暑的熱氣迎面而來，加上辦公大樓玻璃的反光，合力燃燒整條南京東路。綠燈一亮，90c.c. 的小綿羊全體不要命地向前衝，看到右邊叼菸的大叔皺眉催油門，前方捲髮小姊姊的上衣已經濕出內衣的形狀，接近正午的曝曬，連偷瞄的心情也沒有了，突然左方機車往右切，十幾台暴躁的騎士集體按喇叭，一陣嘶吼性問候你媽的祖宗十八代，「靠腰咧！！！」免費附上一比中指，我永遠記得二十歲的自己，就是大脾氣的阿弟仔。

當時我在六福皇宮的飲務部，獲得一份實習機會，幻想自己能穿得帥帥，在高級木質吧台前調酒、跟客人抽菸聊天。但事實上，我每天穿越宴會廳、員工出入走廊，經過一台台服務推車，走進廚房後又轉個彎路過員工休息室⋯。欸對了，去過台南嗎？概念類似巷子裡面的巷子的巷子，終於到了最裡頭的備料間，那裡有張超大的不鏽鋼桌上放了一台榨汁機，前方一道門通往滿滿備品的冰箱，地上成堆的柳丁、檸檬、大罐空瓶，每天得榨兩百斤的柳丁汁、檸檬汁，這才是我的工作。「Allen，你還好嗎？一開始當吧台都是這樣的啦，等你對這個環境再熟一點，會有『資深的吧台』帶你上去飯店的各個酒吧，你就暫時先待在這裡吧」。我很好，只是

調酒師的不悔之路

眼角不自覺落下一滴眼淚，內心OS：「天公伯我想調酒啦！！！！」

後來一年半的日子，我跑遍飯店各個宴會廳支援、幫忙進貨，遇見各種不同性格的人，也混得不錯，但不論在哪個位置上工作，只要一犯錯，廚師手上的鍋鏟在下一秒就會出現在眉間前方一公分處，只能慶幸大哥手上不是拿菜刀（抖）。每天傍晚在B3進貨時，都會遇到雪茄吧的調酒師雪莉，之前就聽說她是個嚴厲又很厲害的角色，身穿俐落西裝小背心、高磅數白絲質襯衫、直筒褲燙得直挺挺，手拿ZIPPO打火機，點燃吸吐一口菸霧，此刻像是王家衛指導的電影構圖，帥爆⋯小直男崇拜之心大噴發，如果能得到她的認可，會是我莫大的光榮。

「Allen你來一下，明天開始就去三樓雪茄吧幫忙，雪莉會來帶你領新制服喔！」

天公伯，做得好！

## 第二回：貴人好兇

「新來的弟弟啊？」
「對啊，阿姨妳幫他量一下制服，啊要帥一點！」
「上半身很結實，吼這個手臂練很勤喔，下半身⋯臭小子你遮什麼遮啊！穿褲子蝦米攏看毋啦，三八！」
「毛應該都長齊了吧，怎麼還會這麼害羞啊，Allen？」
「178公分，M號襯衫，32腰，去試穿」

最近不是有一張梗圖很常出現嗎，說世上至今無法破解的謎題之一：「自助餐阿姨目測計算便當價格」，我這裡也有一個謎題：「裁縫阿姨雙眼破解男體服飾尺

碼」。看著鏡子中的自己，換上跟雪莉同款的合身白色襯衫、顯瘦黑色西裝褲，心中莫名感動，好像獲得一張前往調酒之路的許可證，但在踏出試衣間前，我想要先介紹一下這位資深吧台——雪莉。

所謂的資深吧台（現在稱為Bar managr），可以管理飯店中所有酒吧、雪茄吧、咖啡吧的事務，也有飲品開發的能力，雪莉在六福皇宮已經有十幾年的調酒資歷，三十三歲的皮膚保養得還不錯，身材略顯豐腴，笑起來也滿親切的，但只要一切換到工作模式，所有人都會被雪莉的飆悍氣場、銳利鋒芒嚇得不敢二語。還記得有一次，雪茄吧的外場Eason帶我去錢櫃參加雪莉的生日趴，走上五樓最大包廂，門口站著常遇到的備料小哥們，雪莉坐在包廂座位區中央，兩旁是她手把手培育的徒弟，再來按著職位高低排排坐，各個黑衣黑褲挺直了身子舉杯祝福，整齊動作一致的畫面，代表了雪莉絕對的權利地位。

走上三樓的邱吉爾雪茄館，傳來輕柔的爵士樂前奏，搭配雪莉快嘴介紹吧台環境；左手放上期待已久的光滑木質吧台，右眼視角瞄到一本約莫四十頁的盤點清單；此時，雪茄房門略開兩吋，讓人受不了的香濃雪茄味迎面而來，但轉身走進倉庫又是熟悉的柳丁檸檬果酸味。這裡是天堂？還是進化版的地獄？打開手中的盤點清單，無法分辨是英文或拉丁文鬼畫符，到！底！在！寫！三！小！?各式各樣的酒名攤在我眼前的A4紙上，瞄了一眼高又深的酒櫃後倒抽一口氣……

「把這本（盤點清單）清點完再出來幫忙」
「全全全…全部嗎？」
「不然咧？你在靠腰什麼？」
「這裡寫的都是英文，我看不懂啦」
「看不懂是我的問題嗎？而且還有義大利文、法文、義大利文喔～」

正當我想表演吐血的時候，雪莉無情轉身關上倉庫的門⋯可惜！她錯過我人生唯一一次的演出。清單上列了品項、in、out、備註，只用簡單的四欄表格加減計算，第一次清點就花了我六小時，不用想也知道盤點結果錯誤百出！從今以後，雪莉的火爆Mode開啟，只要一犯錯，飛向我的就是十句連發不斷行的叫罵，或任何她手中的器具。身處雪茄吧的生存遊戲，每天面對無法預測的挑戰、必然的失敗，但只要看到雪莉站上吧台調製每一杯口感滑潤的經典調酒，內心就對自己吶喊：「林北總有一天可以做到！」

「這份工作你想做多久？」雪莉的聲音傳來，我關掉水槽的水龍頭，看向她。
「你好好回答，這決定我要教你多少。」雪莉點燃一根七星，吐出長長的白煙。

最後我給出的答案，好像讓她有股躍躍欲試的感覺，接下來的日子，雪莉交給我一本六百多杯調酒的酒譜，每天收吧前的空檔驗收十杯。可能是上升獅子性格使命必達的緣故，就這樣泡在酒譜中一次又一次翻揉紙張、偷偷帶調酒器具回家練習，看著CASIO電子錶顯示凌晨04：30成為青春的日常，此時騎著90c.c.小綿羊在大街上奔馳時的夏夜晚風吹起來很舒服。


## 第三回：我的答案

啾啾啾啾啾，這是我逐漸跟上雪莉出酒速度的腳步聲，每次她接到單，我就知道要準備什麼材料、器具給她。我記得那天很忙，雪莉做完手中的調酒，往後退一步把吧台交給我，右方沒有銳利的眼神Check！左後方還沒出現飛刀Check！我就這樣獨自站吧到最後。隔天雪莉召集內外場的同事，十五雙眼睛看著我現場調製一杯「邁泰Mai-Tai」，雪莉喝了一口對大家說：「Allen是我認可的調酒師，以後他可以獨立出酒。」我永遠記得當下的熱淚，她搭了搭我的肩膀，回予一抹堅定的笑容。

回到九十天前，在邱吉爾雪茄吧 02:30 A.M.


「這份工作你想做多久？」

「你好好回答，這決定我要教你多少」

「我想要，老死吧台」

「哼，居然是這種中二的答案，你才來一年欸」

「我是認真的！」

「我做這行十多年，很多人入行不久就離開了，因為年輕的調酒師身邊誘惑很多，但這是很自然的事，所以大家都認為調酒師的生活多采多姿或是糜爛；畢竟客人來來去去，有的等你下班一起吃宵夜；有的期待你能記得她，下次幫忙留個位子送杯Shot，但我們的工作不光是學做經典調酒、服務客人、開吧收吧，Allen你要記住，調酒需要在『生活』中練習出順暢的酒感，再來酒、色、財、氣、毒不碰，調酒師這條路就『有可能』走得久，我也才會相信你可以老死吧台」；這段話很短，但卻影響我到現在。二十幾歲的時候，吧台的妹子也是二十幾歲，三十幾歲的時候，又新進一批二十多歲的妹妹…到現在我四十歲，年紀差一輪的青少女無限量供應，酒吧充斥青春肉體、真情流露、瘋狂刺激！但當自己長期身陷其中，那條不讓自己迷失的拉繩之一，就是對於調酒與生活的熱忱，打開感官體驗不同食材的排列組合、走到不同的地方探險、思考愛的意義，每一份新的經驗都能成為調酒的養分，增強對於酒感的敏銳度，也帶領自己更了解生活的樣貌。


　　十年後，我在東豐街開了Fourplay一店。開幕當天，雪莉來了，我們聊了很多很多，有關我自己發想的調酒概念，還有淺談生活的近況，接近打烊的時候我們一起走進吧台，她眼神微醺且若有所思地看著工作台、身後的酒櫃和眼前十幾張桌子，然後她呼喚了我的名字。


　　「Allen，我相信你是一個會老死在吧台的調酒師」

人活到一個年紀，回味起往事，真的會起雞皮疙瘩。

　　故事留著慢慢說，我們先回到調酒本身。學習調酒的方式有很多種，像我就是在軍事教育體系下土法煉鋼，以前資料蒐集不發達，只能買書來看，或是聽前輩分享經驗談，但雪莉讓我了解到「調酒跟生活是相輔相成的」。回想任何一間酒吧的酒單，除了經典調酒之外，還有店家獨特的Signature，仔細看一下Menu上的介紹，會發現任何食材都有入酒的機會，像是爆米香、玉蘭花、柳杉、多力多滋…都能萃取其中的味道或口感，再藉著不同調製手法，搭配合適的基酒之後做成屬於自己的作品。

## 第四回：開店之前，關於比賽的那些記憶

　　在我還沒開店以前，參加酒商舉辦的各種調酒比賽，占了我一部分的人生，大大小小的比賽也幾乎摸了一遍，其實當調酒師不一定要參加比賽，比賽真的滿累的。除了要在短時間惡補大量的知識、練習上台展演的過程，還需要花大量時間發

調酒師的不悔之路

想、練習、調整。調酒比賽的主題多變，也有很多種面向。想分享一個我印象深刻的比賽經驗，應該是我做最多功課的一次。你是不是以為，當調酒師就可以少看點書？錯！並非如此。

2010年，格蘭父子（William Grant & Sons）舉辦了一場中小型調酒比賽，參賽者在黑盒中抽出一個國家，用兩個禮拜的時間準備一杯代表這個國家的調酒，比賽當天有二十分鐘的時間展演，我抽到的是日本，還滿幸運的，不是什麼沒聽過的國家（如果抽到南極州，我可能只會呈上一杯結冰水，就想不到別的了，哈～）那該怎麼做，才能做出一杯符合主題、有特色，又不會淪於「蛤～～這麼簡單的概念也想來比喔？」等級的作品，第一步可以先想想有機會使用到的日本食材，下一步則是完整了解「日本」的歷史。

這時候人脈很重要，馬上想到一位天津出生、台灣長大，又在日本求學多年，家裡也是世代學究的朋友，想說請他簡單幫我上一堂日本史。沒想到打給他的隔天，這位可愛的友人攜帶六本日本歷史書來店裡找我，每本都是那種厚厚能敲昏人的磚頭書。我的友人──開誠，他從日本繩紋時期（新舊石器時代）講到江戶幕府，居然從已知用火開始講人類演進史，好不容易進入唐朝文化傳進日本，我們的筆記疊成堆，還一鼓作氣整理出一份東西方文化兩大時間軸，歸納同時期的不同文化進程，這是可以考上台大的認真程度吧！？

整理資料的過程中，發現在昭和38年，「格蘭菲迪」是傳入日本的第一支單一純麥威士忌，找到這個重要的時間點之後，試想一位西方男子抱著一瓶1/4桶的格蘭菲迪，從歐洲走海上絲路，再飄洋過海到日本，那時候坐船遠行，應該也要花個77490天吧～年輕男子經歷風浪，留長了頭髮，在一片未知的東方土地生根，吸收日本的文化、吃喝日本人的食物，到了夜晚他獨自一人喝了口威士忌，在草蓆臥鋪上望著月亮，品味鄉愁⋯這個時空背景就成了此次調酒作品的源起。

將利尻昆布加入格蘭菲迪威士忌中加熱，引出昆布的淡淡海鹽口感，再加入新鮮山葵，增添辛辣又清爽的刺激感，與威士忌相搭。用備長炭火烤魚鰭至焦糖色後夾起，高溫魚鰭放進威士忌中，發出ㄔ～～的聲音，一「碗」以二戰後盛行的日本魚鰭酒（Hele SAKE）為雛形的「Hele Whisky」東西方混血就這樣誕生了。我記得比賽當天，評審還真的以為我在做魚湯，但跟著這段「假想」西方男子的歷史故事脈絡，加深了這杯作品的份量與意義，也讓我獲得佳績。

再過了一些時間，2015年獲得機會去冰島參加Martin Miller's舉辦的調酒比賽，與歐洲、澳洲、南美洲和蘇格蘭的種子調酒師共五位，一起角逐全世界第一的頭銜。這場比賽的走期滿長的，我們一行人先到英國參加酒商安排的酒莊巡迴，再抵達冰島參加決賽。雖然國內國外的調酒方式大同小異，但走出自己的舒適圈，面對不熟悉的吧台、氣溫、語言，除了保持腎上腺素大量製造之外，也非常考驗臨場反應。人一緊張，尤其在人生地不熟的環境，連湯匙都會看成叉子，反而國外的調酒師看起來怡然自得，也挺熱情。決賽當天，我忘記拿冰塊，沒錯，連調酒最重要的冰塊也可以忘記，阿根廷選手看到我的囧臉，馬上抱著自己的冰塊衝過來說：「On my way！」真的很可愛。礙於紙張寶貴，接下來的比賽故事我就不多說了，這本書可能無法讓你變成比賽常勝軍，但能帶領也想學調酒或嘗試調酒的你，找到可依循的路徑或培養思考方式，以及一點創新或意想不到的做法。

我有一個好習慣（但我老婆覺得是壞習慣），在創作調酒的過程，每次遇到有興趣或沒看過的新食材，都會放進嘴裡感受它的味道，再寫成「感官筆記」，並分類每種食材能擔任的角色，經過不斷更新整理的過程，就能形塑出調酒的雛形。「感官筆記」是我這二十年調酒歷程中淬煉出的調酒心法，想要入門的首要關鍵，就是放下你的手機、做不完的工作、強勁的惰性，轉身去體驗生活，並記錄下你的心得。

調酒不是一件難事，也謝謝你打開這本書，讓我有機會與你分享調酒 Mix 生活的樂趣。為了要讓這本書更有說服力，下一頁先介紹走進平價超市後，創意產出的六杯超有生活感的調酒（客倌請翻頁），我再跟你說是怎麼想出來的。

# 山上是廚房

**材料**

Lillet Blanc 開胃酒…20ml
清酒…20ml
獵人小米酒…15ml
香料 Pisco[註1]…45ml
斑蘭葉糖漿[註2]…10ml
蛋白…15ml

**做法**

1 先準備打發的蛋白霜，用一個ISO杯倒沾一圈在杯緣，用火槍炙燒成一層深咖啡色，備用。

2 將所有材料加入波士頓雪克杯中，使用手持攪拌機，將蛋白打發。

3 加冰搖盪後均勻濾至做法1的杯中。

4 裝飾：再鋪一層蛋白霜並且疊高，弄出一個小山丘的形狀，再炙燒一次，直至顏色微焦，最後在杯腳放氣炸過的秋葵星星即完成。

| ·選用杯型· | ·風味· | ·喝法· |
|---|---|---|
| ISO杯（先冰杯） | 斑蘭葉香（近似芋香）、清酒、米香、堅果香 | 插根吸管直接喝 |
| ·調製法· | | ·適飲時間· |
| Shake | ·口感· | 15分鐘 |
| | 油脂感、滑順、輕鬆易飲 | |
| ·冰塊· | | ·品飲溫度· |
| 一般 | ·裝飾· | 3℃ |
| | 炙燒蛋白霜、氣炸秋葵 | |

調酒師的不悔之路

## HOMEMADE

### 註1──香料 Pisco

**材料**

Pisco…200ml
斑蘭葉…20g
刺蔥籽…5g
福源花生醬…20g

**做法**

1 將所有材料放入真空袋後抽真空。
2 以60°C低溫烹煮40分鐘，降溫後整包放冷凍庫冰一晚。
3 隔天取出後以咖啡濾紙過濾即可。

### 註2──斑蘭葉糖漿

**材料**

斑蘭葉…20g
白砂糖…160g
生飲水…100ml

**做法**

1 將所有材料放入真空袋後抽真空。
2 以50°C低溫烹煮90分鐘，趁熱讓白砂糖慢慢完全溶解再裝瓶即可。

**註**：請於兩個月內使用完畢，顏色逐漸變深屬正常現象。

## NOTE

自從接觸山林之後，就對新鮮的空氣、青苔泥地的草香念念不忘，但一想到要使用山上的食材做酒，就要「從頭開始」備料（清洗、泡水、風乾、加工、等待、耐心等待），心中難免會有小惡魔MurMur…不過念頭一轉，走進平價超市，現成的食材香料整齊排列在眼前，處理不會太複雜，如果有現成好用的，就直接買下來吧！有時候想喝調酒，不見得能耐著性子等待。

這杯調酒的主靈魂是月桃葉，聞起來有迷迭香、小白花的香氣。月桃葉一包一百元，加上Pisco與刺蔥籽，整體風味很像香水，再加入Lillet blanc、清酒、糖漿、米酒一起Shake，草本基底鋪上一層米香、堅果、蜂蜜花香，整體滿清爽的一杯～

# 斑蘭 Fizz

## 材料

Bacardi香料蘭姆酒…45ml
澄清檸檬汁…30ml
椰子氣泡水…Top
斑蘭葉糖漿[註1]…30ml
薑味糖漿[註2]…10ml
小豆蔻苦精…1 Drop

## 做法

1 將所有材料(椰子氣泡水除外)加入雪克杯中,加冰搖盪均勻後濾至杯中,再倒入椰子氣泡水。
2 裝飾:取一片斑蘭葉,使用花邊剪刀剪出造型;再將市售斑蘭糕切成小丁,沾取椰子粉後放在葉子上即完成。

| ·選用杯型· | ·風味· | ·喝法· |
|---|---|---|
| 笛型杯(先冰杯) | 斑蘭葉香(近似芋香)、薑、椰子 | 直接喝 |
| ·調製法· | ·口感· | ·適飲時間· |
| Shake | 氣泡感、清爽、微刺激 | 15分鐘 |
| ·冰塊· | ·裝飾· | ·品飲溫度· |
| 一般 | 斑蘭葉、斑蘭糕(市售)、椰子粉 | 3℃ |

## 註1──斑蘭葉糖漿

**材料**

斑蘭葉…20g
白砂糖…160g
生飲水…100ml

**做法**

1 將所有材料放入真空袋後抽真空。
2 以50℃低溫烹煮90分鐘，趁熱讓白砂糖慢慢完全溶解再裝瓶即可。

**註**：請於兩個月內使用完畢，顏色逐漸變深屬正常現象。

## 註2──薑味糖漿

**材料**

老薑汁（用慢磨機）…200ml
白砂糖…100g

**做法**

1 將所有材料放入長柄小鍋中，煮至小滾並攪拌混合均勻。
2 冷卻後過濾再裝瓶即可。

**註**：請於兩個月內使用完畢，顏色逐漸變深屬正常現象。

**NOTE**

在超市看到月桂葉的層架上還有也是一包一百元的斑蘭葉（馬上放進購物車！）斑蘭葉有種芋頭香氣，很適合製作風味糖漿，再做成Fizz，很適合定位為一杯搭配料理的調酒。以斑蘭葉的芋頭香氣為基底，搭配薑味糖漿、檸檬汁、椰子氣泡水，創造東南亞情調，再滴一點小豆蔻苦精，延伸風味的香料感。對了，如果家裡有氣泡水機，可以買椰子水打氣，但因為椰子水有甜度，打出來的泡泡比較難消泡，如果泡泡快到氣泡水機的頂部，小心黏黏的會很難洗！因此打氣的過程要有耐心，每次等泡泡消失一些，再打氣進去。

Recipe 3

# 花生可可經典

## 材料

花生威士忌<sup>註1</sup>…45ml
Cartron香草利口酒…10ml
Mr.Black冷萃咖啡利口酒…15ml
冷萃咖啡<sup>註2</sup>…20ml

## 做法

1 將所有材料加入威士忌杯中，直接用長吧匙在杯中攪拌均勻即可。
2 裝飾：將事先準備好的方冰放在銅模上壓出造型再放入杯中；銅錢草鋪在冰塊上，放上炙燒過的磅蛋糕塊，再以星星造型的橙皮點綴，最後噴上柳橙皮油即完成。

| ·選用杯型· | ·風味· | ·喝法· |
|---|---|---|
| 威士忌杯（先冰杯） | 花生、香草、咖啡 | 直接喝 |
| ·調製法· | ·口感· | ·適飲時間· |
| Straight | 厚實、酒勁後上、甜而不膩 | 30分鐘 |
| ·冰塊· | ·裝飾· | ·品飲溫度· |
| Rock | 銅錢草、磅蛋糕（市售）、造型橙皮、柳橙皮油 | 3~5℃ |

調酒師的不悔之路

### 註1──花生威士忌

**材料**

Dewars 威士忌…700ml
無顆粒花生醬…200g

**做法**

1 將所有材料放入真空袋後抽真空。
2 以68°C低溫烹煮60分鐘,降溫後整包放冷凍庫冰一晚。
3 隔天取出後以咖啡濾紙過濾即可。

### 註2──冷萃咖啡

**材料**

生飲水…2500ml
咖啡粉…200g

**做法**

建議使用重烘焙的咖啡粉,用生飲水冷泡12小時,再以咖啡濾紙過濾即可。

**NOTE**

如果買了一罐花生醬只為做一款調酒,實在太大材小用了,除了做花生醬Pisco,也可以做成花生醬Whisky喔。這杯花生可可經典,是Expresso Martini的Twist(不改變酒譜主架構的情況下,加減食材,以創造額外的風味),改以Old Fashion的大冰塊加上Whisky形式呈現。花生威士忌的油脂滑潤口感,搭配咖啡的苦、巧克力的甜度,喝起來像是吃了帶有酒感的巧克力一樣,一咬開就有香濃酒味流淌出來,真的很適合在冷天來一杯欸~但要特別注意花生醬Whisky過濾的過程,要確保降溫後「有完整結塊」,形成沒有雜質的油塊,才能再進行過濾,去除雜質。

Recipe 4

# 黑色泡泡

## 材料

Bacardi黑蘭姆酒⋯20ml
Mozart黑巧克力酒⋯10ml
Mr.Black冷萃咖啡利口酒⋯20ml
龍膽利口酒⋯20ml
Amaro Montenegro利口酒⋯15ml
焦糖Soda（焦糖水直接打CO2）⋯Full up
金桔⋯半顆

## 做法

1 製作糖罩：取一個大玻璃碗，覆蓋上三層保鮮膜，正中間放上圓型模具備用。取一個小鍋，倒入白砂糖30g、生飲水10g，以小火煮至白糖顏色微焦，煮的時候不斷攪拌，即完成焦糖；接著將糖降溫至137℃，並倒入少許焦糖至圓型模具中間，用力將模具往下壓，此時半圓型糖片突起，等待降溫至50℃，再脫模取下糖罩。

2 將所有材料加入高球杯中加冰攪拌均勻，最後倒入焦糖汽水，放半顆金桔。

3 裝飾：放上糖罩，再以矢車菊、小花瓣點綴即完成。

## NOTE

煮糖時，鍋底剩下的焦糖千萬不要浪費！再加水煮，冷卻後打入氣泡，做成焦糖Soda，就能成為黑色泡泡的重要原料之一。杯口的橢圓頂蓋是糖罩，第一次做一定會失敗，我自己也做壞好多個，記住，一定要將糖漿的溫度控制在137℃，多一度、少一度都母湯喔，耐住性子就會成功！

| ·選用杯型· 高球杯（先冰杯） | ·風味· 咖啡、巧克力、黑糖、金桔 | ·喝法· 直接喝 |
|---|---|---|
| ·調製法· Straight | ·口感· 氣泡感、微苦、焦糖甜香 | ·適飲時間· 20分鐘 |
| ·冰塊· 一般 | ·裝飾· 糖罩、矢車菊、小花瓣 | ·品飲溫度· 3~5℃ |

# 乳糖不耐症可食用

## 材料

波本威士忌…30ml

Bacardi黑蘭姆酒…40ml

香草利口酒…10ml

OATLY冷燕麥奶…10ml

黑芝麻糖漿註1…15ml

OATLY冷燕麥奶…150ml（製作奶泡用）

## 做法

1 將所有材料加入波士頓雪克杯中，加冰塊，以滾動法來回將酒體注入空氣，待至酒體溫度明顯降低，酒液表面有許多氣泡為止，倒入杯中。

2 準備冷奶泡，取OATLY燕麥奶150ml，使用手持攪拌機，持續打至發泡即可。

3 裝飾：在做法1上先鋪滿OATLY冷奶泡，撒上黑芝麻粒，最後在杯腳放上圓形橙皮和造型葉子即完成。

## NOTE

上了年紀後代謝變慢…原本可以正常喝牛奶，但現在有點乳糖不耐症。不過！隨手在超市買了燕麥奶，發覺喝了之後肚子很乖、沒有動靜，這讓我非常開心，所以心血來潮開發燕麥奶系列調酒。那燕麥奶可以配什麼呢？回想起小時候很喜歡黑芝麻牛奶、黑芝麻湯圓，那種甜甜香香的味道，說不定黑芝麻的香氣搭配燕麥奶，也會是一杯中年人友善的調酒呢～

| ·選用杯型· | ·風味· | ·喝法· |
|---|---|---|
| 老式香檳杯（先冰杯） | 芝麻、燕麥奶、香草 | 直接喝 |
| ·調製法· | ·口感· | ·適飲時間· |
| Rolling | 綿密、乳脂豐富、滑順 | 15分鐘 |
| ·冰塊· | ·裝飾· | ·品飲溫度· |
| 無 | 冷奶泡撒芝麻粒、圓形橙皮、造型葉子 | 3~5℃ |

### 註1—— 黑芝麻糖漿

**材料**

黑芝麻（乾炒過）…30g
生飲水…100ml
白砂糖…150g

**做法**

1 用Blender打散所有材料，倒入真空袋
　後抽真空。
2 以68°C低溫烹煮60分鐘。
3 趁熱與白砂糖混合均勻，用棉麻布過濾
　後即成黑芝麻糖漿。

# 奶油大爆炸

## 材料

調和茶蘭姆酒[註1]…60ml
白酒…20ml
百香果汁…20ml
澄清檸檬汁…15ml
糖漿…10ml
三仙膠糖…15ml

## 做法

1 先製作椪糖爆米花：取一個長柄小鍋，倒入白砂糖30g、生飲水10ml、少許小蘇打粉（切記，真的很少喔！不到1g），以小火煮至白糖顏色微焦，倒入少許小蘇打粉，迅速攪拌糖體，直到焦糖膨脹。再將糖倒在烤盤紙上，鋪上鹹味奶油爆米花，等待冷卻定型即可。

2 將所有材料加入波士頓雪克杯中，加冰搖盪均勻後濾至杯中。

3 裝飾：最後放上做法1的椪糖爆米花即完成。

| ·選用杯型· | ·風味· | ·喝法· |
|---|---|---|
| Nick and Nora（先冰杯） | 奶油、爆米花、奶酥、茶香、果香、白酒 | 邊吃椪糖爆米花邊喝 |
| ·調製法· | | ·適飲時間· |
| Shake | ·口感· | 25分鐘 |
| ·冰塊· | 茶韻回甘、奶油鹹香、順口易飲 | ·品飲溫度· |
| 一般 | ·裝飾· | 2~5°C |
| | 椪糖爆米花 | |

## 兩款茶酒

### ■ 伯爵茶酒

**食材**

伯爵茶葉⋯10g
Bacardi白蘭姆酒⋯300ml

**做法**

1 將所有材料放入真空袋後抽真空。
2 以58°C低溫烹煮40分鐘,降溫後整包
  放冷凍庫冰一晚。
3 隔天取出後以咖啡濾紙過濾即可。

### ■ 蜜香紅茶酒

**食材**

蜜香紅茶葉⋯10g
伏特加⋯300ml

**做法**

1 將所有材料放入真空袋後抽真空。
2 以58°C低溫烹煮40分鐘,降溫後整包
  放冷凍庫冰一晚。
3隔天取出後以咖啡濾紙過濾即可。

## 註1──調和茶蘭姆酒

**材料**

前述2種茶酒
乳瑪琳⋯20g

**做法**

1 將乳瑪琳20g、伯爵茶酒和蜜香紅茶酒
  放入真空袋中。
2 以58°C低溫烹煮至乳瑪琳完全融化於
  酒中,整袋丟入冷凍庫冷卻,確認乳瑪
  琳結塊後再取出。
3 最後以咖啡濾紙過濾即可。

## NOTE

大家平時逛超市的時候，可以想想有什麼喜歡的或想吃的食物，或是突然想要把什麼放進購物車裡？不妨從自己喜歡的食物下手，刺激自己對於風味的想法或調酒靈感，偶爾有些瘋狂想法也無妨，畢竟人不瘋狂枉少年！

我最愛吃奶酥麵包，也曾經苦惱一段時間要怎麼把奶酥的味道塞進調酒中，該不會要把奶酥麵包用 Blender 打碎後加入酒中吧？（好像不對，已關閉這條思路）那就善用「油洗」方式創造酒體的奶脂感，將乳瑪琳加入伏特加中，用低溫烹煮再降溫過濾，就能獲得一瓶「液態奶酥麵包」。我個人會比較浮誇一些，先將伯爵茶、蜜香紅茶加入伏特加中 Homemade 茶感風味，再去油洗，增加調和伏特加的品飲層次。Homemade 調酒的可愛之處，就在於每個人都能以自己的想像力出發，製作自己喜歡的口味，反正就是在家做一做，不需太多壓力，做的不好喝…頂多被老婆念而已嘛（笑）

# COLUMN 調酒師的思考

## 思考 1　參加比賽對於調酒師的意義

　　參加調酒比賽不見得是每位調酒師的必經之路，積極參加比賽有各種原因，有的人希望讓評審看到自己的才華，有些是想要增加跟酒商合作的機會，也有人只是單純想知道自己是不是比別人強、在同場比賽的調酒師裡能排名第幾？想參加比賽的起心動念毫無對錯，以上這些原因都是好的，也很合理，代表你有希望達到的目標和想做的事情。

　　就我自己來說，參加比賽對我的意義是「想要開眼界」，因為每個人對同一件事情的看法和想法都不一樣，我想看看別人怎麼思考，從中學習不同角度的詮釋和創意。平時因為工作忙、工時長，沒有額外時間到每一間酒吧喝別人的調酒，但透過參加比賽，我就能同時看到大家的優點、了解其他創作者的思考方式，所以直到現在，只要我有空還是會接比賽評審的工作。有時遇到新生代的選手，我就會好奇這一輩的年輕人他們在想什麼？對於風味的拆解又有什麼樣的看法？在比賽過程中也會有選手主動過來交流，我當下也很樂意互動和分享想法。

　　比賽對我還有一個很重要的意義是：在短時間內強迫自己去增強一些新知識，倒不是為了爭奪比賽名次而已。舉例來說，今天為了比賽主題，我必須給它一個故事軸，為了建構內容，得去查很多資料，從這些原始資料又再延伸查詢更多更多…。這個「延伸查詢」就是我平常不會去做的事情，算是用最短的時間賺取最多的資訊

量，是良性的強迫成長。因為每個人多少都有惰性，如果沒有常常要求自己進修，一年過一年的弱化是很可怕的，而參加比賽就是刻意善用有限時間，任何人都能讓自己短期內變成天才。誰能在時間截止前蒐集到最多資訊，誰又能把這些資訊佔為己有並吸收成為自己的養分，才是爭取比賽名次以外的最大收穫。

## 思考 2　凡事好奇，成為生活型的調酒師

當你需要新的調酒靈感，但又不想要跑太遠時，就去你家附近的全聯逛逛吧，它是調酒師也是愛好居家調酒玩家的好去處！通常，我去全聯逛食材或找食材的時候，會把有興趣或新發現的食材都拍下來，拍照留存是「快閃筆記」的好方法。回家後或有空時，把你拍下來的食材先用「一句話」做歸類。比方說：「苜蓿芽可以氣炸」用短短一句話給苜蓿芽暫時的位置，把你對於食材的想法分類好，之後才有辦法做調酒的各種應用。像剛才說的「苜蓿芽可以氣炸」，代表我覺得它可以拿來做Garnish，接著延伸思考「要怎麼往下實際進行？」，或許把苜蓿芽氣炸變成一團，再把它弄碎成粉狀，然後加點鹽調味，就像我們看到的山椒粉、山葵粉那樣。聽完覺得很抽象嗎？我們再複習一次：

階段1：看到有興趣或新發現的食材，先幫它們拍個照
階段2：回家後，用一句話寫下「你覺得它可以做什麼？」
階段3：針對食材的初步定義，要怎麼往下實際進行？
階段4：實際做出來，驗證你的初步想法是否可行或有其他可能性

當你有興趣的食材越來越多，達到數十個甚至更多的數量，一樣比照辦理，通通都拍下來，寫下每項食材的初步用途然後編號，並且稍微分類，可能有的做糖漿、

有的做成酸質、有的拿來做發酵、有的當填充物、有些可以氣炸、有些進行風乾…等都可以。接下來，選其中幾個號碼做調酒。舉例來說，你今天決定用琴酒，然後從「快閃筆記」中選食材，然後加上想加的酸質、甜度、填充物（苦味和風味），實際做成調酒看看。

　　進行之後，你可能會沮喪地發現這數十個食材中，居然只能做出六杯調酒，為什麼沒有想像中的多？因為有些食材在此次創作過程中先派不上用場，但用不到的食材別刪，把它放在小本本裡，之後仍有出場機會。對於這六杯「感覺可以成形」的調酒，接下來決定比例，也就是基酒、軟飲、其他食材分別需要幾毫升、幾克，試著寫出來，當然你也可以用經典調酒的比例試試看是不是你要的酒感、酸甜、風味…等，在調整過程中，一杯調酒的雛形就出來了，這個就是初定版調酒的概念。等之後有時間，把它慢慢細修成你希望的樣子或更平衡的味道，就像前面提到的苜蓿芽，先氣炸後弄碎成粉狀再加山椒粉、鹽，做成鹽口杯；如果選用羅勒葉，嘗試加維他命C抗氧化，讓它保有好看的綠色；又或者把火龍果汁澄清，變成漂亮的桃紅色，當軟飲來用；也能把桂花加上愛素糖，再做成棒棒糖或打碎後當裝飾，總之，細修就是讓食材更貼近你想要表達的概念，但是酒水味道不變，只是讓整杯調酒更有創作細節。

階段5：選出想用的基酒、酸質、甜度、填充物（苦味和風味），實際做成一杯調酒，這時的失敗率是高的，很正常，不斷試到你覺得可以的程度
階段6：確定了最後決定使用的基酒、酸質、甜度、填充物，接下來拿捏比例，藉此建立起雛形，即「初定版調酒」的輪廓
階段7：將食材初步的用途細修成更完整的樣子，增添細節和加強品飲感受

# NOT JUST
# A
# BARTEN
# DER

## Chapter2

# 從杯外到杯內——

——調 酒 設 計 思 考

從杯外到杯內──調酒設計思考

# 調酒師如何創作一杯酒？
## Allen's Talk

### 打開感知雷達，累積自己的感官筆記

　　還記得小時候剛來台北發展，除了勇敢之外，戶頭一無所有，唯一貼身的資產是泡咖啡、煮飯泡麵「兩用」的虹吸壺，但不是什麼厲害的品牌或多功能的虹吸壺，是因應生活窮困「想延伸泡咖啡以外」的使用方法──Allen牌虹吸壺（苦笑）。對了，我最自豪的虹吸壺料理是「咖哩飯」，上壺放飯糰、下壺放咖哩粉，口味也是有一般水準的喔～希望以上這一段文字不會讓咖啡師朋朋的下巴掉到地上。年輕的我總希望在有限的資源中創造極限，可以說是為了過日子激發出的超能力，無意間培養出「創作」的習慣。

　　對調酒師來說，除了要學習不同酒款的做法、熟悉吧台的工作，還要花時間研究不同食材的風味組合，發展出自己喜歡的風格。但創作要用什麼方式著手呢？我個人覺得超市絕對是練習調酒的高C/P值好去處。因為超市食材已經系統化地清楚地分門別類：有餅乾、乳品、酒類、生鮮蔬菜、當季水果，簡直就是一份供不應求的3D食材清單，再來前進到稍微困難的步驟：如何從中挑選組合？

　　無論是調酒師，或是對居家調酒有興趣的普羅大眾，我們在創作時通常都會遇到

「該如何搭配食材」的大哉問，而調酒的種類百家爭鳴，該如何找到打造出獨特性的破口，同時做出不會太突兀又美味的口感？老實說，在調酒創作發想的前期，買回家的新鮮食材保存期限往往很難勝過大腦思考的速度（哈哈）。在你急著想買各種食材回家之前，各位在座的善男信女們請先靜下心來，冷靜、冷靜…當你站在茫茫Food海之中，先深吸一口氣，轉換想法，改以逛街的心態挑選「有感覺」的食材後，接著拿起你的小本本或打開手機備忘錄，針對每種食材寫下以下這三個問題的自問自答：

Q1 這個食材讓人聯想到的風味是什麼？

Q2 適合做成調酒嗎？要如何加入調酒之中？

Q3 料理完成後是否有剩料？能再拿來做什麼？

不需要太快寫完，可以走路的時候思考、騎車思考、約會空檔思考，並聯想不同食材相互搭配的可能性、那些比較適合做成裝飾（Garnish），想好之後再下單進入實驗程序，沒有用上的食材就Let it go！反正生命自有出路，最後再整理出你覺得有可能完成的酒譜清單。於是乎，這本筆記在不斷地精煉之下，就成為自己專屬的「感官筆記」，訓練食材搭配、聯想的能力，以及增加製作調酒時的直覺，以下舉幾個實例給大家參考：

## 01 秋葵
### Okra

**Q1 這個食材讓人聯想到的風味？**
→口感黏稠、有淡淡的菜香，還會想到日本

**Q2 適合做成調酒嗎？要如何加入調酒之中？**
→適合當作Garnish，風乾後撒上胡椒粉，或是…做成蛋白霜，平衡調酒的清爽度

**Q3 料理完成後是否有剩料？能再拿來做什麼？**
→還沒想到

初步想法先寫下來

可以用日式器皿盛裝

## 02 茶葉
### Tea

**Q1 這個食材讓人聯想到的風味？**
→茶香、濃郁後勁、心靈平和的感覺

**Q2 適合做成調酒嗎？要如何加入調酒之中？**
→能加入基酒HOMEMADE，創造茶感的風味

**Q3 料理完成後是否有剩料？能再拿來做什麼？**
→HOMEMADE完成的茶葉，可以曬乾後再磨成茶粉，或許做成茶葉餅乾

初步想法先寫下來

很適合當成第一杯，想喝清爽一點的調酒

**03　花生醬**

*Peanut Butter*

**Q1 這個食材讓人聯想到的風味？**
→濃郁，吃完會想要舔手指，很 Heavy 的快樂

**Q2 適合做成調酒嗎？要如何加入調酒之中？**
→加入威士忌中油洗出花生香的基酒、做成蛋糕搭配甜點系列的調酒

**Q3 料理完成後是否有剩料？能再拿來做什麼？**
→HOMEMADE 剩下的花生油，再拿來煎培根，碾碎後當成增加鹹香風味的 Garnish

初步想法先寫下來

有著鹹甜口感，感覺可以朝美式早午餐的概念發展配餐

---

**04　蔓越莓**

*Cranberry*

**Q1 這個食材讓人聯想到的風味？**
→新鮮的蔓越莓很酸，可以拿來做成酸質使用，或是做比較甜的調酒時，配著蔓越莓一起吃，平衡整體酸甜

**Q2 適合做成調酒嗎？要如何加入調酒之中？**
→許多經典調酒都會用到蔓越莓汁，可打成原汁使用

**Q3 料理完成後是否有剩料？能再拿來做什麼？**
→用 Blender 打成果泥，倒在烤焙布上抹平後放到果乾機，做成 Skin；或是風乾後打碎，進行二次利用

初步想法先寫下來

把新鮮原汁當成酸質，或風乾後做成裝飾物

當我剛入行的時候，是在飯店體系的洗禮下成長，調酒比較注重經典系列，工作環境也是相當專業嚴謹（沒有人可以超越雪莉S的程度了！）。直到我退伍後去朋友的酒吧上班，一個人站吧、一個人決定酒單，我才有機會嘗試創作。跟我年紀差不多的人應該都有印象，十幾年前在酒吧裡點單，端上桌的品項多半是五顏六色、化學感偏重，而且多半甜度很高，像是新加坡司令、藍色夏威夷、Grasshopper、Angel's kiss、B52…當時的酒吧之於城市來說，是以喝到掛為宗旨，用來發洩情緒的武場，就是…真的滿混亂的～民眾多半帶著戰鬥的心態挑戰自我極限，過了晚上十點，直接開一瓶威士忌、叫一手啤酒開啟賣命之路，我只能祈禱這些客官，平常有在關注健康型保險啦～

調酒存在的意義，就這麼侷限嗎？我想，從現今的調酒文化引出了這題的解答。沒錯，調酒能為人帶來啟發，更重要的是品飲時，可以創造輕鬆快樂的感受或氛圍，客人也應該要「記得」自己喝了什麼，畢竟只有不斷地喝醉也是很痛苦的。於是，在創作過程中，「水果系列調酒」成為我的研發路上很重要的關鍵。水果系列調酒的初衷在於取代大量糖漿、化學色素，以新鮮的果感酸甜，帶出調酒甜美的另外一面，漸漸扭轉人們對於酒精的邪惡印象，而「感官筆記」也成為成就這系列很重要的工具。

## 整個城市，都能是你的調酒靈感來源

不過，從超市開始培養調酒感官，只是蒐集味覺、視覺、嗅覺的場域之一而已。當你走出超市，其實大街小巷都能成為你的素材庫，不見得要站在吧台上才做得出調酒，也不一定要用很精密的儀器或是精緻工具才能提煉出好味道，一切取決於你自己對風味的了解和掌握程度。舉個例子，當你坐在西式餐廳的圓形餐桌上，看見隔壁客人點了一客強烈花椒香氣的海鮮燉飯，這時服務生端上了甜點——黑巧克力

蛋糕，花椒、黑巧克力的香氣在空氣中碰撞，嚐了一口，老婆遞上葡萄柚汁讓你補充維他命C，果香加入這場組合遊戲，再換著搭上自己的紅酒，以果香果酸為基底的風味就誕生了。方才的花椒巧克力又湊上鼻腔，可能適合當作Garnish，或是磨成粉末擦在杯口邊緣，增添舌尖的辣甜刺激。

一杯「好的想法」若不注意觀察，很容易稍縱即逝，但要無時無刻的留意風味會不會很難？換個角度來說，當我們真心喜歡一件事情，就會想盡辦法去研究，就像交女朋友一樣（我是直男），因為喜歡對方，所以就會多方面地去了解她，久而久之，只要一個眼神、一個小小的動作，你也能知道坐在對面的她在想什麼，只要熟悉她，也就更知道自己想要找的是什麼。

## 認識調酒的香氣、裝飾、口感

對於食材有一定了解程度以後，大家可以再掌握「三個調酒要訣」，就能在風味口感調控上，少走一些冤枉路，包含了香氣、裝飾、口感：

### Tip 1：香氣

許多人會問，在香氣搭配上有沒有公式能依循？難道所有完美的香氣組合都是「猜中的」？在談組合之前，我們先了解一下不同香氣，大致上分為「花、草、果、木、茶」這幾類大方向。或許你會好奇，要如何發想香氣組合？我大致會分成兩種，第一種：有意識的嘗試，另一種：單純試試看，藉此累積自己對於香氣感知的資料庫。

想像一下，切開柳橙，在手心留下明確的柑橘味，這時後「有意識」的香氣堆疊訓練開始，抓一些讓你覺得加入柑橘會合理的味道，例如肉桂、迷迭香，如果再滴上帶有玉蘭花香氣的純露，雙手混合搓勻後近鼻頭一聞，一晌撲鼻的柑橘木質花香調從手心散發出來，若當下對你來說是很OK的組合，那麼，一杯調酒的香氣雛形就產生了。

有意識的核心宗旨在於，讓自己相信「創作」是有跡可循的。但一般剛接觸調酒的人，通常會先憑感覺試看。欸～這加一點花香好像可以、再滴一點巧克力Bitters好像不錯，還是有機會做出成功的實驗。為了不讓自己的直覺實驗被浪費掉，可以嘗試「有意識的創作」，並且隨時記下來，也提醒自己目前搭配了哪幾種食材、各用了多少，待香味定調之後，再使用酒精或甜度串起香氣的橋樑。

那香味定調後，一定都要用糖當作橋樑的成分嗎？

之前遇過一位客人，是很注重糖分攝取的女生，在點酒的時候都會多問一句「可以不要另外加糖嗎？」如果同行的你也遇過這題，那可以試著了解「是一點糖都不能加嗎？」還是說「保留酒原本的甜度也可以？」如果後者的替代方案成立，那在香氣連結上，還是有很多的發揮空間，像是可以使用雪莉酒、甜白酒、波特酒之類本身帶有甜度的酒，作為風味香氣的支撐平台。

舉例來說，我希望白蘇維翁的野味加上一點清新味道，感覺會很棒，這時就可以把白酒跟小白菊自製成糖漿，再把白酒、糖、菊花一起舒肥。但用舒肥的方式，菊花的味道容易不見，那麼溫度可抓48°C以下，放在真空袋裡再進行長時間低溫加熱，讓風味不會因為溫度上升而散失。瀝水的時候，一定會有一堆的糖還沒有溶解，這時可放在桌上用雙手拍打擠壓，耐心讓糖慢慢自動溶解。

| 延伸酒譜 | 煙燻瑪格／P.78 |
| --- | --- |
|  | London mist／P.80 |

## Tip2：口感

談完香氣，我們來說「口感」。調酒的口感是指什麼？如果以水作為度量衡的基準點，入口感受包含了可能是濃稠或清爽，以及酒精濃度的擊喉感…等，口感的鮮明度與否決定了調酒的命運。記得曾經風靡一時的透明奶茶嗎？它以水為基底，聞起來有奶茶的香氣，卻沒有濃郁的口感，因此不太耐喝，但如果將水換成無色無味的伏特加，加強入口的濃郁刺激感，那麼整體的品飲感受會讓人更有印象，也會比較好喝。

順帶一提，Mocktail（無酒精調飲）難做的原因，在於抽離了酒精元素，藉著水、香氣、填充食材混合堆疊，創造類似調酒的口感及細緻度，如果侷限的條件存

在越多，只會增加調製的難度。因此現在可以理解，為什麼 Mocktail 少了酒精，卻還是跟調酒的價格不相上下的原因了吧！

| 延伸酒譜 | 熱巧克力薑／P.82 |
| --- | --- |
| | 青蘋果伯爵茶／P.84 |
| | 身體裡的不是我／P.92 |

## Tip3：裝飾

最後是裝飾，調酒的主要組成元素有三個：基酒、填充物、裝飾。其功能有賞心悅目、附加香氣的功能，或是想傳達調酒的設計概念，也可以當作小點心，讓品飲時的感受更加豐富。常見的裝飾呈現手法如下：

> 水果

**處理方式**
**炙燒**
切片（舟狀）之後加糖再炙燒，吃起來有種焦糖布丁表層的脆度，又能保有水果本身的飽滿及果酸。

## 處理方式

我是滿喜歡植物的人,如果有綠色葉面出現
在調酒中,會覺得很可愛。

### A 當作浮萍

圓圓的葉片可以成為乘載香氣的容器,像
是銅錢草,放上稍微炙燒的八角,或是滴
幾滴木質調的純露,增加嗅覺感受上的層
次感。

### B 剪個造型

運用製作蛋糕的模具,在大片的葉子上軋
型,或是用壓模機製作更多自己想要的圖
案(我喜歡蝴蝶或幸運草的造型～)

---

糖

## 處理方式
### 製作糖片

將愛素糖[註]打碎後加上桂花,放入圓型模具
再烤成糖片,冷卻後的成品成了晶瑩剔透的
春分剪影。

註:愛素糖是熱量較低的代糖,甜度只有蔗糖的一
半,可以重複融熱使用;如果塑型不滿意也能一直
重做,適合追求完美的你。

**處理方式**

**甩繞**

通常巧克力都有加分的效果，有浪漫體質的人看到會更快樂。將黑巧克力隔水加熱後，拿攪拌棒沾取再甩在杯子內，調酒入口當下可以聞到黑巧克力的香氣。

對了，如果剛好你是對冰塊壓模有興趣的人，也可以在壓模凹鑿處沾上巧克力醬，等待凝固後也是具有色彩的小小巧思。

註：如果你看到客人非常堅持要把杯口的巧克力咬下來吃掉，那就直接給他一塊巧克力吃吧，不然一個不小心可能會把杯子咬碎（我是認真的，沒有在唬爛）。

**處理方式**

**造型小可愛**

當你有了小孩，生活裡開始會出現一些用品，其實還滿適合當作調酒裝飾的用具（笑）例如打洞機、花邊剪刀，在果皮上做點造型，但我最常用的還是水果刀，在果皮上切出缺口後，再擰轉出果香氣味，插在杯口當作裝飾。

**果渣**

## 處理方式

### 果乾

水果榨完汁或過濾剩下的殘渣,倒在烤盤紙上鋪平後,再放入果乾機中風乾。趁全乾之前,折成自己想要的形狀(例如風車),再烤到全乾。但要注意的是,每種水果的含水量不同,多少有些費工,也很難保證奇異果跟葡萄柚的風乾時間會相同,如果你是第一次嘗試的話,就站在果乾機前待命吧!花時間不會讓你失望的!

要完全掌握這些工具與裝飾技巧並不容易,但最重要的,還是自己對調酒的「靈感」,當心情是快樂純淨的時候,熱情和靈感總是源源不絕,直到開始踏進社會,現實的狼性是否也讓想像力漸漸離你而去呢?(希望正在為生活打拼的你,可以理解我想說的!)

| | |
|---|---|
| **延伸酒譜** | 混血咖啡/P.72 |
| | 桂花杏仁Sour/P.74 |
| | 不想一個人/P.88 |

當每天被生活、工作消磨到麻木不仁的時候,其實只要一點點「好的刺激」,就有機會讓靈感歸位。像是吃一頓美味的中餐,在菜餚中找回突然忘記的味道;回家

看完喜歡的電影，從劇情中延伸對於生活的眼界；抽空跟朋友做一些有趣的事情或聊天交換想法，互相激盪衝撞彼此認知的過程中，也能為自己帶來一些新的思維。總之，蒐集生活中每件討喜的小事件，都可能讓天馬行空的想法朝著希望的出口，游向腦海中成形，替自己製造各種創作時的靈感。

有沒有覺得，調酒像是自我療癒的另類心理學？從生活開始，對自己好一些，調製出自己喜歡的味道吧：）

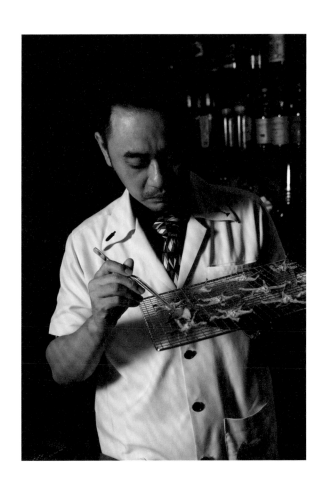

# 混血咖啡

## 材料

Bacardi香料蘭姆酒⋯30ml
Bacardi黑蘭姆酒⋯30ml
白可可利口酒⋯15ml
黑可可利口酒⋯15ml
澄清鳳梨汁⋯20ml
冷萃咖啡⋯15ml
澄清檸檬汁⋯20ml
酸葡萄汁（Verjus）⋯30ml

## 做法

1 在杯口先沾一圈咖啡可可粉，備用。
2 將所有材料放入雪克杯中，加冰搖盪均
　勻後濾至杯中。
3 裝飾：取一顆偉特糖，稍微燒一下，固
　定在杯口即完成。

## NOTE

「混血咖啡」是Mulata daiquiri這杯調酒
的Twist，誕生的契機據說是過去有個
歐洲軍官於古巴與敵軍交戰的時候，在
一座礦山附近點了一杯調酒，酸酸甜甜
像Daiquiri，但有巧克力香氣，讓人聯
想起家鄉的海灘，不過這片酒海卻非
Daiquiri的清澈透白，而是深黑色澤，而
「Mulata」的西班牙文又是黑白混血的意
思，因此得名。

Twist的部分加了冷萃的深焙咖啡，入口
時，咖啡風味明顯，在巧克力香甜酒與
萊姆酒之中異軍突起，尾段以鳳梨汁的
酸甜收攏，回扣Daiquiri的熱帶風情。
Garnish是偉特糖，有沒有覺得很Easy？
炙燒一下糖果底部再固定在杯口，邊吃邊
喝能感受到糖分帶給人類的快樂～

| ·選用杯型· | ·風味· | ·喝法· |
|---|---|---|
| 聞香杯（先冰杯） | 咖啡、果香、果酸、可可 | 含著偉特糖，待奶香出現，開始喝酒 |
| ·調製法· | ·口感· | |
| Shake | 酒體滑順、發酵果酸、酸甜適中 | ·適飲時間· |
| | | 20分鐘 |
| ·冰塊· | ·裝飾· | ·品飲溫度· |
| 一般 | 咖啡可可粉 | 3°C |
| | （原豆磨粉，比例各半） | |
| | 以及偉特糖 | |

# 桂花杏仁 Sour

## 材料

桂花威士忌[註1]…60ml
Amaretto 杏仁酒…10ml
君度橙酒…5ml
檸檬汁…30ml
蜂蜜…15ml
蛋白…20ml

## 做法

1 將所有材料加入波士頓雪克杯中,使用手持攪拌機,將蛋白打發,加冰搖盪均勻後濾至杯中。
2 裝飾:擺上桂花糖片[註2]、矢車菊、海棠、小白花即完成。

| ·選用杯型· 聞香杯(先冰杯) | ·風味· 花香、杏仁、橙香、蜂蜜 | ·喝法· 手拿糖片,邊吃邊喝 |
|---|---|---|
| ·調製法· Shake | ·口感· 微酸偏甜、酒精反饋不重, 易飲無負擔 | ·適飲時間· 15分鐘 |
| ·冰塊· 一般 | ·裝飾· 桂花糖片、矢車菊、小白花、 海棠 | ·品飲溫度· 3℃ |

從杯外到杯內──調酒設計思考

## HOMEMADE

### 註1──桂花威士忌
材料

乾燥桂花…30g
Dewards威士忌…700ml

#### 做法

1 將所有材料放入乾淨無水分的有蓋玻璃
  瓶浸泡4小時,冷凍一個晚上。
2 隔天以咖啡濾紙過濾即可。

### 註2──桂花糖片
材料

白麥芽糖…125g
細砂糖…125g
液體葡萄糖…125ml
水…30ml

#### 做法

1 將所有材料放入小鍋中,煮至158°C後
  平均倒在矽膠墊上冷卻。
2 冷卻後會呈現塊狀,將糖塊敲碎,再以
  果汁機打碎成粉狀。
3 烤箱預熱至140°C,在鋪了烘焙紙的烤
  焙墊上放數個圓形模具,把做法2的糖
  粉撒進去塑型,進烤箱烤融後取出冷
  卻,冷凍保存。

### NOTE

各位朋友,這杯調酒相較於本書其他調酒來說,製作上比較單純(我好像聽到歡呼
聲?),只要做出桂花Whisky,基本上就完成了80%,桂花杏仁Sour喝起來像是桂花
風味的Whisky Sour。桂花用完之後不要丟掉喔,加入愛素糖加熱攪拌均勻,倒入鋪
有烘焙紙的烤盤,冷卻成一大片桂花糖片,再敲細碎,抓一把平均放入圓形模具中,再
進烤箱加熱,又一次冷卻後,就形成薄薄的桂花糖片,小心擺在杯口上,遠看近看都漂
亮!說回酒體結構的部分,對Whisky Sour有些熟悉的朋友,或許會想說怎麼還多加
了君度橙酒、杏仁利口酒(Amaretto)?以比例來說,比蜂蜜來得少,只是為了增添甜
味的層次,讓口感不膩於單一甜度,更耐喝。

Recipe 3

# 煙燻瑪格

## 材料

Mezcal龍舌蘭酒⋯45ml
金橘利口酒⋯20ml
Lillet blanc開胃酒⋯15ml
接骨木糖漿⋯15ml
澄清檸檬汁⋯30ml
肉桂棒⋯1根

## 做法

1 準備威士忌杯，取一段肉桂棒，炙燒至焦黑並開始發煙。手握杯底，杯口朝下，將肉桂煙蒐集至杯中，然後移開肉桂棒，杯子倒蓋在桌上。切記別直接用杯子蓋熄肉桂棒上的火苗，這樣會使杯壁內殘留焦味。

2 將所有材料，倒入Mixing Glass攪拌至降溫。

3 翻開已有肉桂煙的杯子，加入方冰，將做法2攪拌均勻的調酒倒入杯中。

4 裝飾：取橙片，炙燒白邊的部分直到出現香氣，放上塑形的蒲公英葉即完成。

## NOTE

以經典調酒Margarita（龍舌蘭＋君度橙酒＋檸檬汁）為概念發想，把基酒換成煙燻風味的Mezcal，君度橙酒換成金橘風味利口酒，再添加接骨木糖漿、Lillet blanc開胃酒，嚐起來略有酸度，加強金橘風味利口酒的結構層次，但又不會太甜。

| ·選用杯型· | ·風味· | ·喝法· |
|---|---|---|
| 威士忌杯（先冰杯） | 煙燻、果香、木質 | 直接喝 |
| ·調製法· | ·口感· | ·適飲時間· |
| Stir | 酸甜適中、酒感稍重 | 20分鐘 |
| ·冰塊· | ·裝飾· | ·品飲溫度· |
| Rock | 肉桂炭、橙皮 | 3°C |

Recipe 5

# 熱巧克力薑

**材料**

黑蘭姆酒…45ml
榛果利口酒…30ml
Mozart黑巧克力酒…30ml
鮮奶…30ml
巧克力醬…30ml
新鮮薑片…4片

**做法**

1 將所有材料加入可直火加熱的容器中，放入薑片搗碎，以小火加熱至稍滾，再倒入杯子中。
2 使用奶泡機或蒸汽管，將鮮奶打成熱奶泡，鋪在酒液上。
3 裝飾：撒上可可粉、擺一片炙燒乾燥薑片即完成。

**NOTE**

「想喝點什麼？」
「請問有熱的可以喝嗎？有熱紅酒之外的選項嗎？」
冬天難免想喝熱熱的，我想大家也喝膩熱紅酒了，那還可以喝什麼酷酷的東西呢？這時來杯熱巧克力酒吧，再加入薑末祛寒，整體喝起來是濃郁流暢的線條，尾段散出些微薑辣，是一杯風味成熟又貼心的調酒。

| ·選用杯型· 木杯 | ·風味· 巧克力、薑、奶香、堅果 | ·喝法· 直接喝 |
|---|---|---|
| ·調製法· 鍋煮 | ·口感· Creamy、微辛辣、口感厚實 | ·適飲時間· 30分鐘 |
| ·冰塊· 無 | ·裝飾· 炙燒乾燥薑片 | ·品飲溫度· 60℃ |

# 青蘋果伯爵茶

## 材料

伯爵茶伏特加 註1…60ml
青蘋果利口酒…10ml
蘋果汁…15ml
青蘋果糖漿…5ml
澄清檸檬汁…30ml
接骨木糖漿…5ml
奇亞籽或山粉圓…2匙（在熱水中泡開30分鐘再使用）
青蘋果…2片

## 做法

1 將所有材料（山粉圓除外）放入果汁機中打勻，過濾至加了冰塊的雪克杯裡，搖盪均勻後濾至杯中，

2 加入2匙山粉圓，稍微攪拌即可。

3 裝飾：用圓形模具取下青蘋果片，撒上砂糖稍微炙燒成青蘋果烤焦糖，放入做法2的杯中，再放上圓形果凍片註2，以造型小花橙皮點綴，最後撒上綠茶粉即完成。

| ·選用杯型· | ·風味· | ·喝法· |
|---|---|---|
| 長口聞香杯（先冰杯） | 茶香、青蘋果、接骨木、果香 | 把果凍片拿起來，邊吃邊喝 |
| ·調製法· | ·口感· | ·適飲時間· |
| Blender、Shake | 顆粒感、酸甜適中 | 20分鐘 |
| ·冰塊· | ·裝飾· | ·品飲溫度· |
| 一般冰＋碎冰Top | 青蘋果片烤焦糖、圓形果凍片、造型橙皮、綠茶粉 | 3℃ |

從杯外到杯內──調酒設計思考

### 註1——伯爵茶伏特加

**材料**

伯爵茶葉…15g

伏特加…700ml

**做法**

1 將所有材料放入真空袋後抽真空。

2 以58°C低溫烹煮30分鐘，降溫後整包放冷凍庫冰一晚。

3 隔天取出後以咖啡濾紙過濾即可。

### 註2——圓形果凍片

**材料**

蔓越莓汁…300ml

紅色食用色素…3Drop

白砂糖…100g

燕菜膠AGAR AGAR…6g

吉利丁…4片

**做法**

1 所有材料（吉利丁除外）放入長柄小鍋，以中小火煮滾。

2 放入吉利丁煮融，邊煮邊攪拌均勻。

3 接著用單層濾網濾在平盤上，定型至冷卻。

4 用圓形模具取下果凍片。

### NOTE

管他什麼風味，我就是想喝清爽又有點浮誇的酒，不行嗎？我聽到你的心聲了，所謂風味組成，不一定層次豐富或是成分多才是王道，只要喝起來舒服並且能常常飲用的，都不失為一種很讚的發明。這杯茶感的風味滿輕鬆的，為了維持這份清爽，可以加入青蘋果風味的糖漿、香甜酒，創造出優雅的果感香甜，而Garnish的部分順應這股清流，以青蘋果片為基底，疊上一片蔓越莓果凍，最後撒上抹茶粉，搭著調酒邊吃邊喝，就好像吃甜點的感覺。

Recipe 7

# 不想一個人

## 材料

梅酒⋯60ml
山竹瑪黛茶伏特加<sup>註1</sup>⋯10ml
木鱉果汁⋯15ml（詳見做法2）
Tabasco⋯2 Drop
Aperol⋯20ml
蜂蜜⋯12.5g
蛋白⋯20ml

## 做法

1 先製作裝飾：
　**Aperol風味粉**：將Aperol倒入圓形矽膠模中，放入烤箱15分鐘烤成膠狀，放涼後會呈粗塊狀，再放入磨豆機中打成粉狀，備用。
　**烏龍茶粉**：將乾燥烏龍茶葉放入磨豆機中打成粉狀，備用。
2 將木鱉果的籽挖出來，取下籽旁邊的果肉，放入鍋中。加生飲水蓋過果肉，以小火煮滾，放涼後裝入擠壓瓶中，備用。
3 將所有材料加入波士頓雪克杯中，使用手持攪拌機，將蛋白打發，加冰搖盪均勻後濾至杯中。
4 裝飾：依序撒上烏龍茶粉、糖粉、Aperol風味粉，在杯壁外抹上糖粉，最後以胡椒木葉點綴即完成，色彩鮮明的三條線代表了與人平行無交集的孤單心情。

---

· 選用杯型 ·
威士忌杯（先冰杯）

· 調製法 ·
Shake

· 冰塊 ·
一般

· 風味 ·
蜂蜜、馬黛茶、辣椒、苦橙

· 口感 ·
蔬果汁質地、微辣、微苦、酸甜適中

· 裝飾 ·
Aperol風味粉、烏龍茶粉、糖粉、胡椒木葉

· 喝法 ·
直接喝

· 適飲時間 ·
20分鐘

· 品飲溫度 ·
3°C

---

**註1──山竹瑪黛茶伏特加**

材料

山竹瑪黛茶⋯15g

伏特加⋯750ml

做法

1 將所有材料放入真空袋後抽真空。

2 以48°C低溫烹煮30分鐘,冷卻後用咖
　啡濾紙過濾即可。

NOTE

有些傲氣的人可能會想說,哼!我就要用
一些特別的食材,創造很少人做過的風
味!我也曾那麼想過,內心有一塊強悍的
稚氣無法被調教。有一次我遇見了木鱉
果,原生於台東的葫蘆科植物,橘紅長橢
圓形的外觀,身形與酪梨一樣飽滿,而表
皮上佈滿突起軟刺,看起來好像很難混熟
的同學,總是一個人。不過木鱉果的果
肉卻很好相處,口感軟嫩多汁,嚐起來有
些像波蜜果菜汁的鮮香甜,味道不會太突
出,能自由做變化。但要注意,木鱉果肉
中的成熟種子含毒性,挑出後再加水煮熟
果肉就可以當作備料了。明明是個溫柔的
水果,第一眼卻不好親近,在木鱉果汁中
加入Aerol、Tabasco⋯等,柑橘木質調
的後尾泛溢苦韻,突顯出一份無以名狀的
孤寂感。

Recipe 8

# 身體裡的不是我

**材料**

Fireball肉桂威士忌…30ml
辣椒口味義老大…20ml
Bacardi黑蘭姆酒…20ml
Fernet branca利口酒…20ml
接骨木糖漿…30ml
澄清檸檬汁…40ml
花椒酊劑註1…3 Drop
蛋白…30ml

**做法**

1 先製作裝飾：將新鮮辣椒（約1.5根）剖
  半，撒上白砂糖炙燒，直至糖完全融化
  在辣椒的剖面上，即成辣椒烤焦糖。
2 再把其他材料（蛋白除外）放入果汁機
  中打碎，打開蓋子時，應該會聞到明顯
  辣椒味。
3 將酒液過濾至雪克杯，加入蛋白，使用
  手持攪拌機打發蛋白，加冰搖盪均勻後
  濾至杯中。
4 裝飾：最後放上辣椒烤焦糖、辣椒絲、
  幾片綠葉即完成。

| ·選用杯型· | ·風味· | ·喝法· |
|---|---|---|
| 威士忌杯（先冰杯） | 辣椒、肉桂、花椒、接骨木 | 邊吃炙燒辣椒邊喝 |
| ·調製法· | ·口感· | ·適飲時間· |
| Blender、Shake | 明顯辣感、口腔微麻、酸甜適中 | 20分鐘 |
| ·冰塊· | ·裝飾· | ·品飲溫度· |
| 一般 | 辣椒烤焦糖、辣椒絲、綠葉 | 3~5℃ |

從杯外到杯內──調酒設計思考

## 註1——花椒酊劑

**材料**

市售花椒粒…50g

伏特加…100ml

生命之水 ABV80% …200ml

**做法**

1 花椒粒放入烤箱乾烤10分鐘，取出放涼。

2 取一個乾淨無水分的瓶子，放入所有材料，密封放冷藏兩天。再以濾網過濾後裝瓶。

## NOTE

練習風味的路程中，難免想嘗試一些自己沒有很確定的味道，酸甜感、草本、果香都很常見了，那麼「辣」呢？要怎麼做出讓人有點感覺又舒服的口感哩？「辣」始終被定位在挑戰客人接受程度時使用，也是我一直喜歡做的事（獅子男是否容易把人逼瘋？）年輕時期的我習慣發想「直球風味」，一杯上桌定生死，喜歡就喜歡，不喜歡的話，調酒就是成為客人拍照的裝飾罷了。但經過長時間的洗禮，發現做人圓融才是社會生存之道啊啊啊，調酒的風味也是，我們可以慢慢挑戰客人的極限，到時候不知不覺，又增加一位風味信徒（還是我是上升天蠍？）。

「身體裡的不是我」的概念初衷，來自台灣電影——「咒」。小腦補一下，電影主要架構在描述邪靈慢慢附生，是個虐心又虐身的故事，其實很適合詮釋「辣」的風味變化，這杯酒剛入口時，先感受接骨木糖漿的甜度，過一會兒，從邊緣蔓延入喉的肉桂、焦糖水果香氣，漸漸散發出花椒辣麻後勁，就像吃辣椒一樣，淺咬尾端不覺得辣，越向蒂頭越噴火。但放心，這杯不會太地獄，吃普通辣的人還可以接受，但如果你嗜辣成癮，可能會喜歡這種痛痛的感覺（？）。

# COLUMN 調酒師的思考

## 思考 3　設計調酒的起手式、收尾，以及裝飾

　　有時候我覺得調酒的設計有點類似繪畫，只是改用酒杯取代畫布。通常，如何下筆和收尾是最難的，就像在空白畫布上畫畫，最後一筆的停頓位置很重要；也像是西餐中的前菜及甜點，需要安排一個完美的開頭與結尾。調酒創作的起手式如同手拿一根線，得先決定好從哪邊開始穿線，如果順利穿進去了，中間才會比較好銜接下去。當然啦，有各種角度去發想調酒，比方先決定基酒，或是先決定一個主題或想要的風味，順序大致如下：

### 1 基酒濃度影響可稀釋範圍

　　假如從基酒開始決定酒譜，那基酒的酒精濃度就很重要了，因為如果越濃，可稀釋的範圍越大，也代表稀釋後能延展的空間越大。相反地，如果選用酒精濃度比較低的琴酒（30%、37.5%左右），但是填充物份量加太多的話，酒精就會被稀釋到沒有味道，需留意一下。

### 2 決定基酒用途

　　如果選擇伏特加，雖然酒精濃度高，但是它只有酒精，所以要加入其他風味支撐。如果選擇琴酒，香草香料味道會比較多，這樣即便稀釋，香草香料的味道還是能延續下去；如果選擇白蘭地，越甜的話，黏著度也越高，比較適合跟花果、草本香氣調性的東西配在一起。

### 3 填入風味

決定好基酒後，就要把風味填進去，看你希望酸還是甜。甜度又分很多種，比方是天然果甜，還是糖漿、風味糖、巧克力…等，若把風味做進糖漿裡，還能讓甜度的質感改變。再來是酸，有天然果酸、澄清的酸，還有花香的酸醋酸或是發酵的酸味。風味可以從甜度而來，或額外加風味進去。比方說，我想做一杯果香調的調酒，或許能取用檸檬的天然酸度，使用白蘭地為基酒，然後加上小黃瓜或香瓜；也能用另一種思考，放入八角、羅勒改做成味道強烈的調酒。

### 4 是否易飲、有延續性

通常喝一杯調酒，會先感受到酒精，40%的基酒經過稀釋後只剩15、20%，再來是酒感，也就是適口性、是否易飲（Easy to swallow），越容易入口的話，會覺得越好喝，也就是一種「順」的感受。就像做漢堡的店家很多，明明食材組合差不多，但會讓你回購的漢堡可能是肉餅更多汁，起司和所有食材都融合得很好，很好吞且能感覺到它的風味層次，吞下去後還願意再吃第二口，這就是「風味的延續性」。現在的調酒比較追求 Easy-going，比較不是風格強烈的曼哈頓或馬丁尼，有兩個原因，一個是酒客希望延長對話時間，不會喝一杯就醉了；第二個原因是能好好品飲風味，如果酒感越強，就比較難感受到後面幾杯的味道，就像吃辣的概念，不會一開始就吃大辣，而是慢慢增加強度。

### 5 安排風味調性與組合

把基酒和酸甜都安排好之後，決定以什麼風味為主角是很大的重點。風味和基酒要彼此呼應。舉例來說，今天我選擇龍舌蘭，或許能跟馬告搭配，因為兩個都是強烈刺激的風格，但是加一點花椒或帶酸的檸檬或葡萄柚，酸度不會太直接，然後選擇白可可或接骨木糖漿當成甜度，這樣就是一杯酒譜的組成。

如果你的風味資料庫累積不夠豐富，就比較難立刻在腦海中搜尋需要的味道，所

以平時要多和不同食材交朋友。簡單比喻風味學習的話,就像學英文,把每個單字拆開就是把風味拆開,你可能知道某個食材是什麼味道,但是要把它組合成一杯酒的話,可能無法立即想像會是怎樣的感覺,唯有不斷地學習風味,你了解的單字才能越多,久而久之,就能了解一整句話的意思,藉此傳達出你想要表達的創作想法。

### 6 調酒的句點──安排後味

最後的最後是「安排後味」,也就是這杯酒的句點。對我來說,判斷一杯調酒做得好不好,我會看風味是否做得完整,即便酒水被稀釋了,品飲者仍能感受到餘味的存在。就像是喝威士忌,純飲會覺得很嗆,但加入總量三分之一的水攪散的話,讓酒精濃度到40%以下,風味就會綻放開來。大家不妨用這個方式檢視自己的調酒作品,如果喝到最後味道只剩下甜,但感覺不到任何風味的話(在建議的品飲時間內),代表這杯調酒稀掉了,如果喝到最後還有風味留在口中,像是花香、果香…等,代表餘味做得很漂亮。


PS:任何調酒都有「適飲時間」,就像在板前吃高級握壽司,或是吃剛炸好的薯條那樣,剛端上桌一定最香最酥最好吃。通常調酒師當下出杯的那一刻是最好喝的,建議在品飲時間內喝完。如果硬要拍照個五分鐘、十分鐘再喝的話,酒水會分層,這時你喝的第一層是水,第二層才是酒,等於你只喝到中後段的味道,但是前段沒有喝到,入口味道感受就不夠強,品飲體驗也就不完整了。調酒是有生命的,當你沒有在它最美好的時間享用,它就會慢慢慢慢地死去…所以,你要在它死透之前,想盡辦法把它喝完,大家品飲調酒時別忘記啦~

## Granish 裝飾的黃金比例

剛才談了如何把一杯調酒設計出來，接下來說視覺的部分——Garnish。調酒的裝飾也是品飲過程的重要環節，這個重要的第一眼印象代表了調酒師的個人風格，可以華麗，亦能簡約；有時候裝飾也有帶動品飲感受的功能，比方邊吃邊喝的食材…等。大家都聽過黃金比例吧？也就是1.618這個完美數字，由這個比例的長寬延伸出的「黃金螺線」，其實可以應用在調酒的裝飾上。只要從黃金螺線的中心點往外擴張，從任何角度看、無論怎麼轉杯子，在視覺上都能保持和諧。

裝飾杯子時，先找出黃金螺線的中心點，再往外擴展到整個杯子，包含底盤、杯子高度、裝飾物的長短，從正上方俯瞰檢查一下是不是符合黃金螺線，包含立面和俯瞰兩個部分，連杯緣的裝飾物也要跟著弧線走。除了使用黃金螺線來輔助，「適度的餘白」也是美的一種表現，不要什麼食材都擺上去，放太滿了就不是裝飾，而是插花～

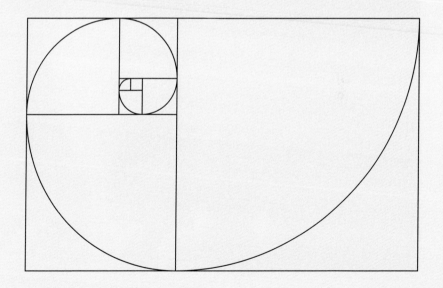

# NOT JUST A BARTEN DER

Chapter3

經 典 酒 譜 與

# Twist

# 經典中的經典──馬丁尼
## Allen's Talk

### 單純而複雜──經典調酒的迷人之處

這本書，最硬的章節就是這裡，第104頁。

「調酒」不像是經濟學、心理學、醫學，有學者先驅開闢知識的道路後，再彙整成一份地圖後交給你依循學習。雖然說餐旅系也有調酒課，但我就老實地說吧！想成為調酒師，除了擁有技術與熱情之外，真的需要「很嚴重」的好奇心、執著與忍耐考驗的毅力。學習每一杯調酒，就像展開一場開放式結局的冒險之旅，要放膽去嘗試，你才會找到自己最喜歡的味道。

以Whisky Sour來說好了，無論是網路資訊或是前輩傳承的酒譜，你可能知道組成材料有：威士忌45ml、檸檬汁30ml、糖漿15ml，接著轉身看一下自己的酒櫃，有五種品牌的威士忌，桌上的水果盤裡放了大小不一、產地不同的檸檬，再回想前幾天去過的超市，已經數不清陳列架上的糖漿罐有多少種，這時要感謝心太軟的前輩願意分享自己的獨門搭配，但這種Lucky moment怎麼會長久存在？回到現實面，多半還是要先跟錢包說抱歉，每一種都要試試看，才知道什麼口味是自己喜歡的，對調酒的愛，絕對是一種溺愛。

我喜歡經典調酒,「單純而複雜」是它們最迷人的特徵,經典酒譜通常不會太難懂,仔細分類就能發現大部分是「酸+甜+基酒」或「苦+甜+基酒」這兩種組合。先從品嘗的角度來說,可以選擇突顯酸甜或苦甜的平衡感,或是強調酒感本身的風味香氣,市面上各路大神都有自己一套的好喝魔法。如果是雲淡風清地解說其中的通則,就是除了酒體之外的配角,盡量能新鮮就新鮮,就像用現撈海鮮做的生魚片,真的會比較甘甜(大家同意的話,請刷一排愛心❤❤❤❤❤)。若施主需要好好坐下來認真談調酒的話,老朽不免俗要展現一下二十年時間淬鍊的經驗談了,很硬嗎?真的很硬。

## 擁有不同表情的馬丁尼

　　說到平衡跟風味的完美結合，就一定要提到雞尾酒之王「馬丁尼」，因為它用了最少的材料，卻有風情萬種的複雜。

　　馬丁尼的酒精主體是琴酒Gin與苦艾酒Vermouth，調製的比例有7：1、6：1、5：1…等，口感上淺分為Dry、Smooth兩種，製作馬丁尼的方式沒有絕對，也沒有人能篤定地說：「學會這種做法，就能做出一杯好喝的馬丁尼！」（如果真的有的話，請務必告訴我！）

舉例來說，常見的日本琴酒——季之美KINOBE（濃度45.8%）、六ROKU（濃度43%），這兩者酒精濃度不同，所以在使用時，調配比例就會有所調整。「想要喝Martini，就要點很Dry的那種～」有不少酒客在吧台上會說這種帥氣話。首先你要了解Smooth和Dry的差異，是在於Vermouth在馬丁尼中的比例。Vermouth是一種使用各種乾料調製的加強葡萄酒，所帶出的香氣具有獨特的藥草味，能提升馬丁尼的層次。當有人想要Dry一些，代表希望Vermouth更少一點，你甚至可以理解為「不好意思，我想要一杯70ml的琴酒」，事實上也真的有人這樣喝馬丁尼。你知道邱吉爾嗎？他是世界上喝最Dry的酒客（或是說酒鬼？）。這有兩種說法，一種是說邱先生「純喝」凍琴酒，Vermouth只是放在桌上用看的，沒有要加的意思；另一種流傳的說法，邱先生讓隨扈喝一口Vermouth之後，在馬丁尼杯裡吹氣，之後再倒琴酒進去，如此也只有「奈米級」含量的苦艾酒。

我自己有試過第二種方式，相信我，我們都該喝能讓自己樂在其中的馬丁尼，無論太乾或太濕，喝之前都需要一點梁靜茹的勇氣。那你說日劇裡面，總是喝得醉醺醺的日本上班族們，是否也偏愛Dry Martini？從得日本的飲酒文化來談。走進日本酒吧消費，要先付一筆坐席費（印象中大概1,400元台幣），然後酒錢另計。就連我去日本的時候，心底也會想說，啊我不喝濃一點醉一點，真的很不划算欸！再加上下班後珍貴的3～4個小時的自由時光，當然要把自己無私地奉獻給酒精（（PS：但還是健康最重要！）。

日本的琴酒品牌，多半是為了做馬丁尼而設計的，酒精濃度有到47%，調製過程中加入Mixing Glass拌攪「化水」之後，讓酒精濃度仍維持在40%以上，喝起來會比較Dry，也有明顯的酒感。

## 溫度、溫度、溫度！

　　各位同學注意了，「溫度」是影響馬丁尼成敗的關鍵，先前情提要一下，Stir（拌攪）是製作馬丁尼的唯一動作，是掌握溫度的重要環節。當酒的溫度（例如0℃）比冰塊（-25℃）或是冰凍的Mixing Glass來得高，這兩者接觸到的時候，藉由Stir的過程，讓酒體漸漸升溫化水，均勻混拌空氣而打開酒體本身的香氣之眼。你也是追求香氣層次的同伴嗎（握手～），那Smooth Martini會帶我們找到中年的快樂（咖心），Smooth講究「平衡的調和感」。

　　一起想像一下，100ml季之美（45.8%，-25℃）搭配30ml的Vermouth（XX%，常溫），Vermouth傾瀉在冰凍的Mixing Glass中，溫差是化水的引線，創造出淡淡藥草香氣，接下來倒入-25℃的琴酒，終結化水程序，旋轉長吧匙將兩種酒體均勻混合，當酒體溫度在-17℃以下的時候，氣味線條是閉鎖的，直到升溫至-3℃左右，香氣才會漸漸打開，Stir的過程也會聞到那即將抵達香氣層次最富足的稜線。這時候該準備出杯了，製造直徑最小的出口，將剔透的線條拉長，與空氣產生最大面積接觸的瞬間滑入馬丁尼杯。碰到嘴唇的冷冽，衝入鼻腔的飽滿風味，Smooth的手法在

溫度轉換調合的過程，為馬丁尼帶來極好的平衡，剛柔並濟，酒液入口後，身體一下子熱了起來，現在真的有點手癢，很想馬上做來喝。

以前，我喜歡馬丁尼的渾厚、紮實感，可能也是通俗的年輕魂，一昧追求成熟穩重的外衣，喝酒為的是什麼？追求快樂、排解壓力、訴說愁苦、體驗生活，或是分擔失戀的痛，只要不是太常喝醉，每一杯酒所承載的回憶，在碰觸到嘴唇邊際的瞬間，都會回想起來，因此對於風味的追求，也會隨著年紀增長而有所變化。現在的我喜歡風味和香氣都平衡的馬丁尼，也算是對於人生狀態的一種註解。你呢？對你來說，什麼是「對的」馬丁尼？

## 從各種細節感受雞尾酒之王

以上兩千多個字，有講古有情緒，看來，馬丁尼三個字一出口，好像真的講不完？要製作一杯馬丁尼，每位調酒師在意的細節是不同的。有的在意琴酒或Vermouth品牌，有的在乎溫度、化水性。馬丁尼是調酒師的軟肋，想要做得好喝，最大的關鍵是：要不是常被客人點單，又或者要自己愛喝，才有機會經常練習。當你做出一杯讓客人真情流露，發自內心喜歡的版本，請馬上記錄下來，等到下次有機會做的時候，同樣的酒譜拿出來，換一隻琴酒、換一種溫度、換一種冰塊調配看看，多感受這些細節變化所營造出來的口感，未來有一天，同學你也能悟出真理。

馬丁尼身為雞尾酒之王，說它是一杯醇類藝術品也不為過，成分最少、變化多端，每個人都能從中展現自己的風格。編輯拍謝，我還是想在Stir這方面多分享一些（老了真的話多），琴酒濃度越高，酒體越輕；而Vermouth越甜，酒精濃度越低，重量也相對沉，所以先下Vermouth再加琴酒，會自動產生分層，Stir的任務就是在最短的時間內均勻混合，除了水平轉圈，還可以稍微上下拉動轉圈捲動，呈

現 8 字軌跡，讓整體風味更快速達到集中飽和的狀態。

不過，就算再好喝，最完美的比例還是在十五分鐘內三口喝完。第一口，接觸到體溫，香氣從鼻腔散開來；第二口，馬丁尼慢慢升溫，展開了風味鏈；第三口，香氣直球進入，飽滿的風味讓人滿意，是最佳的品飲體驗。如果再大杯一點，只會慢性增加痛苦指數罷了，掌握酒精濃度過而不及，設定的「剛剛好」，除了幫客人配速，也替調酒設計完美的起點與終點。

替一杯酒保留 80% 的版面，我承認是自己偏心了，也承認這杯酒在我心目中的地位崇高。經典調酒系列很值得大家去研究，或是真的動手做做看，感受何謂平衡？何謂差池之下的風味變化？或許在遵從經典的過程中，也可以發現 Twist 的可能性。

---

### 經典調酒的十個 NO！

1　Mojito 千萬不要去冰或加薄荷糖漿。
2　別用搖的方式做 Manhattan，會導致酒水過度稀釋。
3　下了基酒後不要馬上加蛋白，因為酒精濃度超過 26℃，整杯會變蛋花。
4　經典調酒的氣泡一定要夠強。
5　在經典調酒中，檸檬汁是很重要的食材，請不要過度壓榨檸檬，以免把苦味也榨進去。
6　關於檸檬的補充！若用濃縮檸檬汁對你沒有好處。
7　我知道 Shake 很帥，但 Over shake 會過度稀釋。
8　用 Stir 的經典調酒在製作時要選擇一下冰塊，我相信不會有人用碎冰吧！？
9　Rolling 一定會滴到地上，但就是這個衝勁，才會把空氣滾動到酒精裡。
10　很多經典調酒都有一層小泡沫，那是搖出來的功力，請不要偷懶加蛋白。

---

# 透明可樂奶

## 材料

Cachaca⋯15ml
Malibu蘭姆酒⋯30ml
可可利口酒⋯5ml
澄清檸檬汁⋯15ml
澄清鳳梨汁⋯20ml
澄清橘子汁⋯20ml
接骨木糖漿⋯20ml

## 做法

1 將所有材料放入威士忌杯中，攪拌均勻，備用。
2 裝飾：將鳳梨片切成三角型，撒上白砂糖炙燒，微焦上色即成鳳梨烤焦糖，趁糖未完全凝固，黏上一顆蔓越莓，備用。將大冰塊放至銅模上，印出花紋後放入杯中，最後以綠葉點綴，放上鳳梨烤焦糖即完成。

| ·選用杯型· | ·風味· | ·喝法· |
|---|---|---|
| 威士忌杯（先冰杯） | 果香、椰香、橙香、接骨木 | 邊吃鳳梨和蔓越莓邊喝 |
| ·調製法· | ·口感· | ·適飲時間· |
| Stright | 油脂感、乾淨、酸甜偏甜 | 20分鐘 |
| ·冰塊· | ·裝飾· | ·品飲溫度· |
| Rock | 鳳梨烤焦糖、蔓越莓、綠葉 | 3°C |

## NOTE

這杯是Pina colada（鳳梨可樂達）的Twist，Pina colada主要由蘭姆酒、椰奶、鳳梨汁組成，喝起來有點甜稠，加上碎冰再插一隻小紙傘，滿滿夏威夷的島嶼風情，給人一種輕鬆度假感。但我想做一杯「都市感」的Twist，比較沒有度假感、拿掉溫暖的顏色，呈現冷酷俐落、又有點時尚的氛圍，因此主體鳳梨汁做了澄清，椰奶的部分換成Malibu，保留住椰子的香氣，再疊上20ml的澄清橘子汁，增加果感酸甜的層次。

做澄清的時候需要注意，比例做對了，
澄清就能做得很透明，但比例不對的
話，色澤就不會太乾淨，所以一定要有
耐心。

# 廈門馬丁尼

**材料**

鐵觀音琴酒<sup>註1</sup>···60ml

琴酒···30ml

紅棗香艾酒<sup>註2</sup>···30ml

蜂蜜···3ml

**做法**

1 將所有材料置入 Mixing Glass 中，加冰攪拌，待溫度夠低且混合均勻後倒入杯中。

2 裝飾：最後放入1顆紅棗即完成。

| ·選用杯型· | ·風味· | ·喝法· |
|---|---|---|
| 馬丁尼杯（先冰杯） | 茶香、紅棗、些微香料 | 邊吃紅棗邊喝 |
| ·調製法· | ·口感· | ·適飲時間· |
| Stir | 厚實、茶韻、回甘、微甜 | 15分鐘 |
| ·冰塊· | ·裝飾· | ·品飲溫度· |
| 無 | 紅棗 | 1~3°C |

經典酒譜&Twist

## 註1──鐵觀音琴酒

**材料**

鐵觀音茶葉…15g

Bombay琴酒…750ml

**做法**

1 將所有材料放入真空袋後抽真空。

2 以58°C低溫烹煮30分鐘，降溫後整包放冷凍庫冰一晚。

3 隔天取出後以咖啡濾紙過濾即可。

## 註2──紅棗香艾酒

**材料**

乾紅棗…150g

苦艾酒（Dry）…750ml

**做法**

1 稍微清洗乾紅棗後確實擦乾，每一顆都剪個小口，和所有材料一起放入真空袋後抽真空。

2 以68°C低溫烹煮30分鐘，降溫後整包放冷凍庫冰一晚。

3 隔天取出後以咖啡濾紙過濾即可。

## NOTE

這杯看名字就可以猜出跟馬丁尼有關係吧，前些日子很熱衷製作茶酒系列的調飲，所以也把腦筋動到馬丁尼身上，將琴酒做成鐵觀音風味。挑選茶葉時，建議是重烘焙、尾韻帶些苦韻的茶款，像鐵觀音，其一是苦味能加強風味的編排，多了層次感（舉例來說，黑巧克力-苦甜平衡、愛-苦甜平衡），再來是焙度能影響茶感是否明顯，但我要聲明一下，這裡所說的苦，並不是真的會吃到變臉的那種苦澀，有些人可能會把這種感受定義為「回甘」的前奏，是可以被喜歡和接受的風味。

而Vermouth添加了紅棗氣息，是想串接鐵觀音的微弱果酸感，以及提取Vermouth本身的洋甘菊香。紅棗吃起來有種淡淡甘甜，果肉也很好入口，好像跟誰都可以相處很好的朋友，舒服且容易建立信任感，很容易什麼事都跟他傾訴，再加三滴蜂蜜，嗯！沒有什麼苦是過不去的了！

如果你問我，什麼人適合喝廈門馬丁尼？我覺得可能跟我差不多四十歲，追求一點酒感、層次感，又不想只喝馬丁尼的人。就是想來一杯可比擬生活的風韻雜陳，最後一口的回甘，好像也在告訴自己，沒有什麼困難過不去～

## Recipe 3

# Korea

## 材料

人蔘甘草琴酒註1…45ml
苦艾酒（Dry）…30ml
義老大 Amaro…20ml
Suze 龍膽根香甜酒…20ml
君度橙酒…10ml
芫荽子苦精…3 Drop

## 做法

1 將所有材料放入加了冰的波士頓雪克杯中，使用滾動法來回滾動，使空氣大量注入酒體，直至溫度降低，且酒體表面產生泡沫為止，倒入杯中。

2 裝飾：取一片甘草，撒上白砂糖炙燒至微焦，備用。稍微烤一下蔘鬚，置入杯中，倒入做法1的酒液，放一顆冰塊，最後將炙燒甘草片置於杯腳處即完成。

| ·選用杯型· | ·風味· | ·喝法· |
|---|---|---|
| Coupe（先冰杯） | 飲後回甘、草根味、木質 | 先咀嚼炙燒甘草， |
| ·調製法· | ·口感· | 剛開始會有點硬，但越嚼越香， |
| Rolling | 厚實、濃烈 | 當口中留有餘香時可飲用 |
| ·冰塊· | ·裝飾· | ·適飲時間· |
| 方冰 | 乾燥蔘鬚、炙燒甘草片 | 15分鐘 |
| | | ·品飲溫度· |
| | | 1~3°C |

## HOMEMADE

### 註1──人蔘甘草琴酒

**材料**

Bombay琴酒⋯750ml

蔘鬚⋯37.5g

甘草⋯10g

**做法**

1 將所有材料放入真空袋後抽真空。

2 以68°C低溫烹煮30分鐘,降溫後整包
放冷凍庫冰一晚。

3 隔天取出後以咖啡濾紙過濾即可。

**NOTE**

這杯發想源自經典調酒「White Negroni」,
White的部分是用Suze(蘇茲龍膽香甜
酒),它是金黃色的香甜酒,風味屬於複
合性質:柑橘、花香、根莖土味、辛香,
尾韻強烈,但溫順終結。有一天我們客人
喝了之後,他問酒裡是不是有加人蔘?但
那應該是Suze風味創造的錯覺,但這也帶
給我創造這杯「korea」的靈感,如果真的
加了人蔘,能不能讓風味更明顯。但要注
意,人蔘是補品,但少量「蔘鬚」可以當
作香料,因為蔘量不高,所以沒有療效,
只能提取其風味。身體不好的人不要吃人
蔘,因為「虛不受補」,還是要先看醫生調
身體喔~ Garnish的部分是甘草,咬久了
會釋出甘甜的成分,適合搭酒一起品飲。

# 血裡和著沙

## 材料

JOHNNIE WALKER黑牌…45ml

自製 Amaro註1…45ml

椪柑汁…30ml

## 做法

1 先裝飾杯子：將白巧克力隔水加熱，融化之後分成兩份，其中一份加入黃色食用色素混合均勻。

2 用手持攪拌機，沾一點白色巧克力，並在杯內啟動，讓巧克力附著在杯子內緣一整圈，接著再以同樣方式做一圈黃色巧克力。將杯子置入冰箱降溫，等待巧克力定型，備用。

3 使用噴槍稍微炙燒柳橙角，備用。

4 將所有材料放入加了冰的波士頓雪克杯中，使用滾動法來回滾動，使空氣大量注入酒體，直至溫度降低，且酒體表面產生泡沫為止。

5 裝飾：將做法4的酒液倒入杯中，放一顆事先壓模的方冰，最後擺上做法3的炙燒柳橙角與綠葉即完成。

---

· 選用杯型 ·
白酒杯（先冰杯）

· 調製法 ·
Rolling

· 冰塊 ·
Rock

· 風味 ·
木質、橙香、煙燻味、香料

· 口感 ·
柔順、些微酒感、微苦

· 裝飾 ·
白巧克力、黃巧克力、綠葉、
炙燒柳橙角

· 喝法 ·
邊吃炙燒柳橙角邊喝

· 適飲時間 ·
15分鐘

· 品飲溫度 ·
3°C

## 註1──自製Amaro

**材料**

琴酒…20ml

Heering香甜酒…30ml

安格氏原味苦精…10ml

Cynar開胃利口酒…15ml

巧克力苦精…5ml

紅香艾酒…30ml

PX甜雪莉酒…10ml

酸葡萄汁（Verjus）…20ml

澄清檸檬汁…5ml

### 做法

將所有材料混合均勻後裝瓶，冷藏保存。

## NOTE

「血裡和著沙」取樣於經典調酒「Blood and sand」，其調酒架構簡單，主要是威士忌、櫻桃香甜酒、柳橙汁、柑橘苦精，嚐起來偏甜，且帶著果感的細微酸度。對我來說，可以再增添苦感元素，讓風味更立體，因此我加了自製Amaro，希望拉抬苦感。當我們要破壞原有的秩序，創造新平衡的時候，酸甜苦辣鹹的各自比重，也都需要再調整，像是加入自製Amaro提高苦感後，也需要同時提升甜度，讓調酒的口感達到新的苦甜平衡，但又不想讓甜度止於糖漿的平淡，這時可以選擇加入甜度比柳橙更高的椪柑汁。

原本「Blood and sand」是用Shake的方式，而這杯採用Rolling，除了控制冰塊的化水程度，讓甜感不易被水分稀釋，也將更多空氣打入液體，讓香氣散發出來。

# 向偉大的演員致敬

## 材料

莓果多酚琴酒[註1]…45ml
梅酒…30ml
義老大 Amaro…10ml
越橘糖漿…5ml
蜂蜜…5ml
澄清檸檬汁…10ml
蛋白…15ml

## 做法

1 先做裝飾物：將竹葉整平，放入蝴蝶造型壓模機中壓出造型，取出備用。

2 將所有材料加入波士頓雪克杯中，使用手持攪拌機，將蛋白打發，加冰搖盪均勻濾至杯中。

3 裝飾：將蝴蝶造型竹葉放置酒面，撒上些許莓果碎，用花邊剪刀剪一片莓果乾，放在杯腳處即完成。

| ·選用杯型· 淺碟杯（先冰杯） | ·風味· 花香、果香、香料 | ·喝法· 直接喝 |
|---|---|---|
| ·調製法· Shake | ·口感· 酸甜適中、微苦、綿密 | ·適飲時間· 15分鐘 |
| ·冰塊· 無 | ·裝飾· 蝴蝶造型竹葉、莓果碎、花邊造型莓果乾 | ·品飲溫度· 1~3°C |

經典酒譜&Twist

## HOMEMADE

### 註1──莓果多酚琴酒
**材料**
莓果多酚花果茶葉⋯5g
一般花果茶葉⋯10g
琴酒⋯750ml

**做法**
1 將所有材料放入真空袋後抽真空。
2 以48℃低溫烹煮30分鐘，降溫後整包
　放冷凍庫冰一晚。
3 隔天取出後以咖啡濾紙過濾即可。

### NOTE

這位1920年當紅的喜劇演員──卓別
林，他擅長運用幽默的肢體動作，展現人
們生活中的酸甜苦辣，就像是甜而不膩的
白蘭地、莓果香尾韻但帶著苦琴酒，再加
入檸檬汁的酸度組合而成，有點像是帶著
酒精濃度的烏梅汁。這杯是「查理卓別林」
的Twist，鮮少有經典調酒是以真實人名
命名，查理卓別林應該是經典酒譜中少數
的幾杯。

酒譜裡使用了梅酒，如果沒有也沒關係，
可以去便利商店買CHOYA梅酒，取瓶中
梅子的部分，去籽後用Blender打均勻後
再過濾果肉，就獲得一杯全新的梅酒。你
問為什麼要這麼麻煩？因為CHOYA梅
酒甜度高，直接使用的話，會蓋掉其他的
風味。對了，如果想找便宜好用的糖漿，
IKEA會是好去處（你看到就好，不要大
肆張揚，怕到時候連我也買不到了！）

# Tincture Panky

## 材料

琴酒…45ml

Fernet branca…5ml

Jägermeister野格利口酒…15ml

廣藿香酊劑[註1]…2ml

Aperol糖漿[註2]…15ml

檸檬汁…30ml

蜂蜜…20ml

蛋白…30ml

## 做法

1 先做裝飾物：將廣藿香葉放入樹木造型壓模機，取出備用。

2 將所有材料加入波士頓雪克杯中，使用手持攪拌機，將蛋白打發，加冰搖盪均後勻濾至杯中。

3 裝飾：將樹木造型的廣藿香葉放在酒面，撒上烏龍綠茶粉，滴幾滴香料苦精當成紅色樹葉即完成。

| ·選用杯型· | ·風味· | ·喝法· |
|---|---|---|
| Coupe（先冰杯） | 木質、果香 | 直接喝 |
| ·調製法· | ·口感· | ·適飲時間· |
| Shake | 酸甜、微苦、有酒感、濃郁 | 15分鐘 |
| ·冰塊· | ·裝飾· | ·品飲溫度· |
| 無 | 樹木造型廣藿香葉、烏龍綠茶粉、香料苦精 | 1~3℃ |

## HOMEMADE

### 註1——廣藿香酊劑

**材料**

新鮮廣藿香…20g
伏特加…150ml
生命之水ABV80%…100ml

**做法**

將所有材料混合均勻，冷凍浸泡三天後過
濾即可。

### 註2——Aperol糖漿

**材料**

Aperol開胃酒…250ml

**做法**

1 將Aperol開胃酒倒入淺容器中。
2 放進果乾機或烤箱，以50°C烤15～20
　分鐘後取出。
3 待至酒精完全揮發後裝瓶即可。

## NOTE

Tincture Panky是Hanky Panky（以下簡稱HP）的變形，HP是苦甜口感，有點香料
味但又清爽的調酒，而Tincture Panky加重了香料感，也多添酸甜風味。香料感來自
於廣藿香Tinture（酊劑），所謂的「酊劑」可以理解為風味的Expresso，只要使用濃度
50％以上的酒，加上20％的水，就能讓香氣融於液體中，廣藿香可泡個三至七天，有
味道跑出來之後，就可以蓋緊封存使用了。

Tincture Panky適合追求酒感的輕熟女飲用，她們過了只喜歡酸甜的階段，也想品嘗
看看更豐富的層次，可以開始吃點苦，卻也不能太苦，這杯像是她的生活、她的共鳴、
懂她的存在。

# 蜜月變奏曲

## 材料

Calvados蘋果白蘭地⋯50ml
芳香萬壽菊伏特加[註1]⋯10ml
D.O.M法國廊酒⋯10ml
蜂花粉糖漿[註2]⋯20ml
君度橙酒⋯10ml
澄清檸檬汁⋯20ml

## 做法

1 先裝飾杯子：將芳香萬壽菊葉面貼合酒杯外緣，撒上防潮糖粉，拿掉葉子，留下造型。

2 將所有材料放入雪克杯，加冰搖盪均勻後濾至杯中。

3 裝飾：做一個小糖罩（製作詳見「黑色泡泡」）將中間擊碎，留下外圈，在周圍黏一圈蜂花粉，最後噴一點柑橘皮油即完成。

## NOTE

這杯蜜月變奏曲，是經典調酒「Honey moon（蜜月）」的Twist，就像是結婚時會喝的雞尾酒，有種甜甜幸福的感覺，喝了就想要披白紗浪漫出嫁的感覺。當甜蜜的熱度過去，現實生活等著每對新人正眼面對，不論是婆媳戰爭、照顧新生兒、為了生活瑣事爭吵，愛人的感情多半在婚後一至三年後出現挑戰或裂痕，這時候需要一點催化劑，讓夫妻找回原先兩人時光的美好。以萬壽菊的形狀象徵助性的藥草，讓你拋下包袱、忘記現實壓力，回憶起蜜月期的幸福，甜甜的滋味像是楓糖、蜂花粉製成的糖漿，有種淡淡花香的雅致，清新甜度回甘，讓人想一嚐再嚐。但真的建議婚後要營造兩人相處的小時光，去看個電影，吃頓晚餐，或是情侶階段時會做的任何事都好，因為現實的平淡真的會把感情沖垮，信我這句～

| ·選用杯型· | ·風味· | ·喝法· |
|---|---|---|
| 馬丁尼杯（先冰杯） | 蜂蜜、萬壽菊、橙香 | 直接喝 |
| ·調製法· | ·口感· | ·適飲時間· |
| Shake | 厚實、酸甜但偏甜 | 15分鐘 |
| ·冰塊· | ·裝飾· | ·品飲溫度· |
| 無 | 芳香萬壽菊葉、防潮糖粉、小糖罩、柑橘皮油 | 1~3°C |

經典酒譜&Twist

### 註1──芳香萬壽菊伏特加

**材料**

乾燥芳香萬壽菊…15g
伏特加…350ml

**做法**

1 將所有材料放入真空袋後抽真空。
2 以58°C低溫烹煮40分鐘,降溫後整包
　放冷凍庫冰一晚。
3 隔天取出後以咖啡濾紙過濾即可。

### 註2──蜂花粉糖漿

**材料**

蜂花粉…20g
白砂糖…200g
飲用水…200ml
楓糖漿…200ml

**做法**

將所有材料倒入小鍋中,以小火加熱攪拌
均勻,放涼後備用。

# 誰才是惡魔

## 材料

惡魔Tequila<sup>註1註2</sup>…45ml
酸葡萄汁（Verjus）…20ml
糖漿…20ml
澄清檸檬汁…20ml
薑汁汽水… 60ml
蔓越莓果凍<sup>註3</sup>…適量

## 做法

1 做這杯酒需要由下而上依序堆疊。下層：將酸葡萄汁、澄清檸檬汁、糖漿放入雪克杯Dry shake後倒入加了冰的杯中，再倒薑汁汽水。中層是惡魔Tequila；上層是蔓越莓果凍。

2 裝飾：放上石頭巧克力，以小白花裝飾即完成。

## NOTE

一杯紅色的調酒通常自帶危險警訊，她可能很濃烈或後勁很強，「誰才是惡魔」是經典調酒「El Diablo（西班牙文：惡魔）」的Twist，上層鮮紅、下層透白，有種從上往下被漸漸侵蝕的感覺，調酒的表層放了一片紅色洋菜凍，並撒上紅糖，象徵被人類濫用後汙染的土地，通往核心的清澈是地球唯一剩下的淨土，到底誰是惡魔？誰要對土地負責？我們還有機會朝環境永續的方向前進嗎？

| ·選用杯型· | ·風味· | ·喝法· |
|---|---|---|
| 高球杯（先冰杯） | 茶香、果香、辛香料 | 插入吸管，邊吃果凍邊喝 |
| ·調製法· | ·口感· | ·適飲時間· |
| Dry Shake、分層法 | 氣泡感、微辛辣、酸甜適中 | 15分鐘 |
| ·冰塊· | ·裝飾· | ·品飲溫度· |
| 一般冰上面疊碎冰 | 石頭巧克力、小白花 | 1~3℃ |

## HOMEMADE

**★先製作紅烏龍茶 Tequila，再做惡魔 Tequila**

### 註1──紅烏龍茶 Tequila
**材料**

紅烏龍茶葉…15g
Tequila blanco…700ml
鮮奶…200ml
澄清檸檬汁…10ml

**做法**

1 將所有材料放入真空袋後抽真空，
2 以低溫58°C烹煮40分鐘，降溫後粗濾。
3 將鮮奶加熱後放涼，加入做法2，再加
　入澄清檸檬汁。
4 最後以咖啡濾紙過濾，即完成紅烏龍茶
　Tequila。

### 註2──惡魔 Tequila
**材料**

紅烏龍茶Tequila…400ml
澄清火龍果汁…100ml
氮氣槍…1支

**做法**

1 紅烏龍茶Tequila、澄清火龍果汁先冰4
　小時以上。
2 將兩者打入氮氣（N2）槍，備用。

### 註3──蔓越莓果凍
**材料**

蔓越莓汁…300ml
紅色食用色素…3 Drop
白砂糖…100g
燕菜膠AGAR AGAR…6g
吉利丁…4片

**做法**

1 所有材料（吉利丁除外）放入長柄小鍋，
　以中小火煮滾。

2 放入吉利丁煮融，邊煮邊攪拌均勻。

3 接著用單層濾網濾在平盤上，定型至
　冷卻。

4 用圓形模具取下果凍片。

# COLUMN 調酒師的思考

**思考 4** 經典酒譜解構和創作訓練

剛開始學調酒的人或剛入行的調酒師可能對於風味結構的感受較模糊，這時可以從經典酒譜的架構跟邏輯先學習，了解它的脈絡以及為何要這麼做一杯酒的原因，從模仿開始建立調酒的基礎，會是一個很好的標準。當你慢慢了解不同經典酒譜的比例和架構時，就可以從中去回推、整理出一個邏輯，慢慢演變成有你自己風格的創作，並且找出你喜歡的調酒口味。

## 我們可以從經典酒譜學到什麼？

有的人可能會好奇，經典酒譜一定是最完美的嗎？答案是：不一定，因為製酒技術的時空背景不同。經典酒譜雖然經典，但以一杯調酒來說，平衡度卻不一定是最完美的，因為製酒技術日新月異，如果你堅持要做出「最經典的味道」，那麼就得真的用到那個年代的酒，甚至是沒有變質的酒，才可能複刻出接近經典酒譜的味道。我們可以向經典酒譜多學架構和邏輯，但不需要堅持一模一樣，畢竟調酒世界這麼大，有更多可以去探索並創作成你自己的東西。

不過，從酒譜架構來看，的確有幾個大方向可依循，大家不妨試著運用不同食材替換並且多做嘗試：

## 酒譜架構的八個大方向

| | | | |
|---|---|---|---|
| 1 | 基酒+酸+甜 | 5 | 基酒+苦甜+氣泡水 |
| 2 | 基酒+苦+甜 | 6 | 無基酒+填充物 |
| 3 | 基酒+甜+利口酒 | 7 | 基酒+新鮮素材 |
| 4 | 基酒+氣泡水 | 8 | 多種基酒+酸+甜 |

　　從以上的整理來看，應該不難發現好幾項都有「甜」這個元素，因為「甜」對於調酒來說很重要。在人類飲食歷史中，糖是很重要的調味品，以前是貴族、有錢人才吃得起糖，就像早期的英國會利用殖民地種甘蔗，以滿足貴族使用糖品的需要。但因為糖很貴，不見得什麼都能加糖，所以改用利口酒取代。糖（甜度）是一種風味的支撐，它跟酸不一樣，酸比較直接和刺激，會破壞整體風味，但甜度是很友好的黏著劑，能把很多不同的味道黏在一起，再加上填充物、水分或冰塊去稀釋，能幫助風味延展得更理想。

　　了解架構的八個大方向之後，也有助於你練習判斷酒譜的屬性。想像一下，如果今天來了第一次見到的客人，他拿了一個你完全沒有看過的酒譜，要你當下做出來，這時你要怎麼判斷如何製作，或快速判斷這杯酒是怎樣的屬性呢？這是我們在酒吧裡不時會遇到的真實狀況。以我來說，會先從酒譜裡的基酒去推敲這杯酒的味道，看是偏甜或比較 Dry，還有酸質跟甜味來源是什麼，接著從比例去判斷這杯調酒的酒感、風味…等。

　　舉例來說，假如你看到陌生酒譜上的比例是 1：1：1，使用的琴酒是 Old Tom Gin，加上 Vermouth，這時可以猜得到這杯大概是酸甜但是偏甜的酒。又或者，這杯酒除了基酒，又有 Vermouth 加上 Campri，初判是苦甜共存的口感，然後加

很多蘇打水，這可能是為了延展苦味，好讓橙類味道不會被壓抑住。總之，先了解風味建構的基礎，便能從不同酒譜中慢慢嘗試找出調酒創作的大原則。

<br>

**思考 5　做一杯會讓人記得你的調酒**

　　有些學生會問我：「調酒師怎麼判斷一杯酒做得好不好？」這個問題有千百種答案，我自己最重視的大概是調酒的「平衡感」和「記憶點」吧！所謂的「平衡感」，就是喝起來舒服、易飲的，而且每個風味各司其職，你能感受到基酒以及配角的味道，同時也知道輔助結構的元素是什麼，誰也不搶戲但又不失去層次。另外還有一種類型的平衡感，是把所有風味結合成同種味道，也就是1+1+1+1=1，讓整杯酒全融為一體，大家都喝過波蜜果菜汁吧？它就是把所有食材味道做成一種味道的成功範例，你不會覺得哪個食材味道特別突顯，但整體感受就是和諧、味道融合在一起，這種平衡感會讓你記得它是「波蜜果菜汁的味道」，代表在調配時有某個黃金比例存在，變成一個新的味覺Data，像可爾必斯、養樂多也是同樣的道理，是一種取得平衡的手法。

　　再來是記憶點，這點是為了讓人家記得這杯酒的風味，還有你為什麼要這麼創作。以食品舉例，曾經很紅的「雷神巧克力」，它就很有記憶點，你要讓吃／喝到的人去探求或去猜想：「咦，這個味道是什麼？怎麼那麼熟悉？」用你平常就有印象的食材味道去創造出全新食感，比方用鐵觀音茶葉＋白可可＋山椒，這三者你知道它們各自的味道，但全部加起來一嚐，沒想到出現了芒果味？（以上純屬比喻，請大家不要照著嘗試喔）像這樣喝起來就有個記憶點，打破你對原食材的認知和與過去的飲食經驗。

　　記憶點之所以重要，不是為了搞怪而搞怪，而是對於酒客或比賽評審來說，對方需要能確實記住你的特點。就像你認識一位新朋友，會讓你一眼記住的人一定有某個特色，可能眉毛很濃、頭髮很長，或是你看到他就想到原住民或知名藝人…等，對應到調酒上也是一樣的。如果酒客喝過你的調酒卻沒有一絲印象，之後還要靠照片去回想味道，搞不好看了照片還是想不起來那天晚上究竟喝了什麼…，這就表示調酒作品給人的記憶點很薄弱。同樣地，一場調酒比賽中有這麼多選手的作品擺在一起，如果你不能創造出記憶點，當評審品過一輪後，腦海中可能搜尋不到他喝過你做的那杯，這真的會很悲劇！建議大家有空時多去不同風格的酒吧喝，就是很好的味覺練習，學習調酒師如何運用他的技術與手法，在你的味覺留下一抹記憶。

# NOT JUST A BARTEN DER

Chapter4

風　味　組　合

真　的　不　難

# 風味組合來自感知與累積練習
## Allen's Talk

### 初學風味感知的三步驟

　　這章要來談談風味組合，但這得從我從小時候開始說起（啊！編輯沒有呼吸了）請放心，我不會講到兩萬字啦（喔！編輯有血色了）。

　　還記得小時候，我很常被我爸罵：「你是小狗嗎？什麼東西都要抓起來聞！」可能我真的是吧，就喜歡到處聞聞味道，嗅覺特別敏感，也很熱衷於分辨各種味道。「好奇心」是促成風味組合的關鍵因素，再來就是要能辨別不同的味道，最極致的理想是像大廚一樣，能精準說出不同食材的口感，並在腦海中自動進行排列組合（成為料理鼠王之路！）。不過，萬丈高樓平地起，一開始就要達到知書達禮的境界，太為難了，我們可以從初階班開始，跟著 Allen 老師的腳步一起前進喔！大家！準備好了嗎？讓我聽見你們的聲音！（手放在耳朵旁邊）

### Step1 用「貼近自己生活」的文字，累積對味道的感受

　　試想一個細膩且貼近生活的形容詞，讓自己能深刻記住，然後寫下來。舉例來說，今天吃到了 Blue cheese（藍紋起司），只有形容「味道很重」是比較表面的說法，可能過了一段時間就忘記「重」的意思，這樣訓練成果就很有限。我的版本會

是，仔細揣摩出的感受是「右手伸進鼻孔，從鼻翼尻下一層鼻屎，是一種有時間感的油臭味」，像這樣露骨真實且一輩子不會忘記的味覺心得，一看到馬上就會想起來。

### Step2 查找食材相關資料，轉換成風味Data

　　盡量用一些對你自己來說比較Real的形容詞，反正只是輔助味道的記憶而已，也不用怕自己太坦承會很赤裸，風味訓練的過程本來就是孤獨的，想說什麼就說什麼吧！等到對於各種味道的感受更明確，也都有印象之後，風味訓練就能移動到下一個階段：「轉換」。回到剛剛說的Blue cheese，原本的印象是「陳年鼻油」，藉著實際品嘗、查資料，加強對食材風味的認知後，就能轉換為更精準的食物描述：「Blue cheese以青黴菌發酵的作用，味道偏鹹，有濃烈辛辣的發酵氣息」，有沒有

感受到從幼稚園立刻升級到大學的感覺啊？像這樣轉換的階段是必要的，有助於同為「風味系」的工作者溝通聊天時能有更多共同語言，自己也能提升專業度。

### Step 3 拆解風味從何而來，活用「加減乘除」

好，能夠記得味道之後，習得風味組合的下一個步驟：「拆解」。不是要你直接去Google一道料理食譜，而是去「感受風味」。假如說，一杯調酒中沒有加肉乾，卻聞得到肉乾香氣，那你感受到的肉乾味是從哪裡來的？如果用肉眼看不出個端倪，可能就是藉著食材風味「加減乘除」的方式，創造出風味組合的可能性。至於「加減乘除」是什麼呢？我整理出四個大方向，希望幫助大家更加了解：

● 加法：1+1=2風味疊加，例如：Gin Tonic，琴酒加上通寧水、檸檬，一口喝
到三種成分的味道。

● 減法：A-B=A風味Twist，比方說調酒成分有七種，在能維持原調酒架構的
前提下，刪去一些成分。

● 乘法：1×1=3，原本只有兩種成分的組合，但彼此結合之後又多創造出一種
新風味，是加乘衍生的概念。

● 除法：（1+1+1）/2=ヽ）✿°▽°）ノ，先將食材組合起來之後，藉由澄清、油
洗、蒸餾…等手法，提煉出更純粹的味道。

## 打開嗅覺感知器，記得各種味道

　　風味的研究是門生活學問，不過有些上班族客人會抱怨，平常週一到週五不是吃健康便當，就是吃微波食品，鮮少風味變化可言，在風味訓練的 Step1 就有執行上的困難。各位上班族辛苦了⋯但蒐集風味的方式，不見得要等待三餐來臨的時刻，或是要花很多錢在吃這件事上面。當你將自己放在住商混合的市場之中、店家多樣性較多的區域裡，一眼望去有餐廳、咖啡廳、中藥行、太常吃的便當店、水溝、火鍋店、米粉湯、牛肉麵店⋯等，琳瑯滿目的店家與氣味，就是蒐集風味並進行拆解訓練的最佳場域。

　　感受一下，有人在做菜、煮咖啡、賣花，轉個彎走進巷子，剛下過雨的路面上，微風搧起一股清新，但還是抵擋不了木盒飯菜的便當店味，滿街的味道撲鼻而來，你能分辨出多少味道？說出多少風味形容詞？這不是考試，也無須太緊張，當你能夠分辨不同味道的時候，也就更容易判斷調酒的風味走向，有利於後續以「邏輯思考」的方式進行風味的加減乘除。

　　而調酒的食材不只有水果、酒水、香料、半成品，任何食材都有入酒的可能性，很 Free 的啊各位～對我來說，甜點也是列入風味訓練的重要觀察對象，怎麼說呢？當你看美食節目的時候，主持人看著上桌的菜色，都會說一句「哇，香氣撲鼻而來～」食材在有溫度的環境下，容易產生香氣、挑逗食慾，反之冷掉之後可能就沒那麼可口，像是人們多半喜歡吃現炸薯條勝過冷掉的口感。但是！甜點在低溫的狀態依然能夠散發出香氣，入口之後還能透過舌尖攪動的過程感受到層次感，人們始終能騰出一個 VIP Room，留給甜點的到來，遇到好吃的甜點，就像看了一場沒有爛尾的電影，讓人滿足、快樂、回味無窮。

　　甜點的變化性很大，我們可以觀察甜點排除「甜」這個因素之後，還剩下什麼？

俗話說:「一甜遮三醜」,比方如果有道甜點是用無花果、鳳梨、芒果鮮奶油、栗子這些元素製作,所有的風味因為「甜」而黏在一起,但如果拔除「甜」,這些風味還能黏在一起嗎?如果可以的話,那這塊甜點本身就是甜而不膩,相對地也能用相同的成分跟架構做成調酒。舉例來說,提拉米蘇可以吃得到慕斯、可可粉、咖啡、脆口天使餅乾、馬斯卡彭起司,把甜度拉掉之後,咖啡可可、鮮奶油的口感、起司味,再加上其他你想嘗試的食材,就可以組合成一杯冰沙調酒。就像這樣,多加練習和組合各種食材,久而久之,你也可以漸漸整理出一套喜歡的調酒公式或概念。

## 離開城市,擁抱大自然純粹且療癒的力量

從二十幾歲踏入六福皇宮,追求過鮮豔飽滿的五感體驗、酸甜苦辣入酒的可能性、購入精密(超貴)儀器只為了提升酒感層次,若將人生比擬為模型,X軸為豐富、Y軸為精彩,我大概都是朝右上角的方向筆直前進的。從以上的文字敘述,應該可以感覺到我花滿多時間在工作的齁(笑),年紀越大,累積的失眠、壓力、背叛、不合⋯應該也能寫成一本書吧,真的好險我是晚上工作,看不太清楚那持續後退的髮際線、修練成自然陰影的黑眼圈⋯。下班後清晨開車回家的獨處時光,停好車子熄火的瞬間寧靜,好像才是我一天得以喘息的時刻,小時候不懂的純粹、無憂無慮的珍貴,到四十歲才漸漸明白這握不住的寶藏,太難得手了。

就是在去年某天,一位很懂植物的朋友拿了幾簇柳杉葉給我,興致勃勃地說:「這做成酒應該不錯!」別人笑我太瘋癲,我笑他人看不穿,話不多說馬上就來試啊!將柳杉洗淨放入琴酒中真空加熱舒肥,蒸餾出柳杉風味的琴酒之後,就製成了「柳杉Gin Fizz」。入口的天然草本氣息搭配氣泡、檸檬汁、些許甜感,呼嚕呼嚕地一下就喝完,順暢得讓人驚豔,一杯來自高山的清晰,讓我獲得了慰藉與能量,同時也有一個新的風味概念,在腦中醞釀著。

　　但朋友的柳杉總有用光的一天，於是決定直接殺去宜蘭太平山採集。一天清晨
開到需要打D1檔的山坡上，晨陽從樹叢的縫隙滲出，散成點狀在路上閃耀著，按
下車窗，氧氣新鮮得像是現做的，拌攪著土壤、露水、樹皮的氣味…「吸～～～
哈～～～（用力吐氣）」如果平地的空氣也這麼淨澈多姿，人們還會需要藍莓口味
的尼古丁嗎？ 這就是最美好的空氣啦！真想把這份好久不見的純粹，硬幹回家（當
下的我還滿激動的，哈）。

　　大家不用緊張，我沒有在山裡做不合法的事情！我還有理智！

## 「用心發覺生活」比「追求全新創作」更重要

　　抵達海拔約1800公尺的柳杉林，眼前盡是鮮綠的柳杉落葉，由於山上的溫度低且濕氣高，形成天然的冰箱環境，就算柳杉落地，還是油綠得發光。隨手拿起一些柳杉搓揉，再跟大哥借了打火機炙燒表層，草本精油的香氣一個箭步先通向鼻腔，氣味線條非常明顯，像是性格奔放的山裡小孩，那麼真實、那樣無暇。可能人類貪婪的起源，也始於自然帶給我們的純粹吧。一行人撿了三十公斤沒有人要的柳杉葉，急速下了山分裝放進冷凍庫，有效保存葉脈中殘存的露水與青苔氣息，意味著一杯來自高山的風味，真的能在平地品嘗到了。

　　我在認識風味的初期，一心想要創造豐富飽滿的組合，像是獨特的口感、沒有做過的嘗試，不外乎是想要建立存在感，但隨著年紀增長，開始會在乎客人的品飲感受（以前是想炫技的成分比較多）是否耐喝？是否真心喜歡？而接觸到山林之後，也翻新了我對風味組合的認知，領教了大自然的威力，而更重要的是發覺，不見得「全新」才能做出好味道。

　　上山遇見柳杉是美好的意外，柳杉木是製作傢俱的原料，但從以前到現在，柳杉葉卻沒有其他用途，這也讓我多加思考各種風味的食材，也能否做到「二次利用與永續」的境界？說不定把一種風味做到不同型態的變化，就能做成一杯調酒。真的是年紀越大追求越純粹啊，說不定以後我就不調酒了，歡迎大家老了來純飲喔：）

## 各種風味的二次利用可能

| 風味 | 舉例 | 型態 | 二次利用可能 |
|---|---|---|---|
| 花 | 玫瑰、紫羅蘭、玉蘭花…等 | 新鮮、乾燥、糖漿、蒸餾水、酒 | 萃取完之後混和砂糖打碎後，製成風味糖<br>PS：做成書籤附在情書上 ♥ |
| 草 | 鼠尾草、薄荷、迷迭香、胡椒木、棉衫菊…等 | 植物（需要是活物） | 弄乾之後塞到鹽巴裡面微波（放心，鹽不會怎麼樣），水分蒸發之後變成一整塊，搗碎後就變成風味鹽了 |
| 果 | 百香果、橙類、芭樂、火龍果、柚子、葡萄…等 | 當季水果、果醬、果泥 | 把果渣做成 Skin（帶有些微水分並可塑形的乾燥果皮），或造型果乾 |
| 木 | 柳杉、木炭、檜木、祕魯聖木、沉香…等 | 木材 | 使用過後打成粉，揉到紙裡面（仿效蔡倫造紙），做成有風味的杯墊 |
| 茶 | 紅茶、伯爵、烏龍、香片、抹茶…等 | 茶葉、茶葉、茶粉 | 使用過後打碎做成餅乾，比較完整的茶葉可以拿去油炸做成茶葉酥，或是入菜、做茶葉蛋、茶香雞肉燉飯 |
| 辛香料 | 丁香、肉桂、肉豆蔻、八角、杜松子、小茴香…等 | 粉末、乾料、偶爾有新鮮的 | 一樣做成風味鹽 |
| 鮮味 | 香菇、海苔、魚鰭、培根、昆布…等 | 乾料（可泡發） | 用完之後加水一起打，過濾之後加糖，變成糖漿（對，就是香菇糖漿，不要懷疑，真的好喝～） |

# 故事奪還者

## 材料

薰衣草琴酒<sup>註1</sup>…30ml
Maraschino 櫻桃酒…10ml
紫羅蘭利口酒…5ml
澄清檸檬汁…25ml
橙花水…3 Drop
葡萄柚氣泡水…Full up

## 做法

1 將所有材料（葡萄柚氣泡水除外）倒入雪克杯 Dry shake 搖盪均勻後倒入杯中。
2 裝飾：最後鋪上山竹馬黛茶泡沫<sup>註2</sup>即可，以紅色杭菊、銅錢草、乾燥覆盆莓碎點綴即完成。

## NOTE

「故事奪還者」是我的設計師好友──詹朴，他於2022年線上時裝秀的主題，以愛麗絲夢遊仙境的概念重新詮釋並創作服裝，我覺得滿酷的，大家可以去找影片看。這杯酒以「藍色」代表奇幻感，加上薰衣草琴酒、紫羅蘭香甜酒，像是仙境歷險中遇到的珍奇樹木氣味，一切像葡萄柚氣泡水的泡泡一樣如夢似幻，是場可愛又迷人的際遇。

| ·選用杯型· | ·風味· | ·喝法· |
|---|---|---|
| 笛型杯（先冰杯） | 薰衣草、橙花、葡萄柚 | 直接喝 |
| ·調製法· | ·口感· | ·適飲時間· |
| Dry shake、Stright | 氣泡感、酸甜適中 | 15分鐘 |
| ·冰塊· | ·裝飾· | ·品飲溫度· |
| 一般 | 山竹馬黛茶泡沫、紅色杭菊、銅錢草、乾燥覆盆莓碎 | 1~3℃ |

### 註1──薰衣草琴酒

**材料**

乾燥薰衣草…20g
琴酒…750ml

**做法**

1 將所有材料放入真空袋後抽真空。
2 以48°C低溫烹煮30分鐘，降溫後整包
　放冷凍庫冰一晚。
3 隔天取出後以咖啡濾紙過濾即可。

### 註2──山竹瑪黛茶泡沫

**材料**

山竹馬黛茶伏特加
（製作詳見「蜜香瑪黛茶」）…20ml
七喜汽水…100ml
大豆卵磷脂…1匙

**做法**

將所有材料倒入大杯中，用手持式攪拌機
打均勻，再用打氣機打出泡沫。

**註**：打氣機在一般賣魚的水族館就能買到
了，不貴！

# 紫蘇煎茶

## 材料

紫蘇伏特加[註1]…30ml

煎茶琴酒[註2]…30ml

清酒…20ml

Lillet blanc 開胃酒…20ml

接骨木糖漿…20ml

澄清檸檬汁…30ml

白玉蘭花純露…2 Drop

新鮮紫蘇葉…1 片

## 做法

1 在杯口先抹上玫瑰天竺葵糖粉[註3]。

2 將所有材料放入杯中攪拌均勻。

3 放入大冰，用長吧匙攪拌，使其微微化水，然後加片新鮮紫蘇葉。

4 裝飾：取一片楊桃乾撒上白砂糖炙燒至微焦，並用玫瑰花水噴灑炙燒楊桃，使其降溫，最後放在冰塊上即可。

## NOTE

喝這杯「紫蘇煎茶」，一開始先出現煎茶味道，有種輕盈、淡淡的發酵感，沒什麼攻擊性，適合搭配同屬性的草本、花香。成品照看起來有冒煙的感覺，那是炙燒楊桃的煙霧，為了讓調酒在氣味或口感上都能同時感受到花、草、木，所以炙燒楊桃時噴點玫瑰水，一來降溫，二來將玫瑰花香沾附在楊桃上，是一點驚喜小巧思。

| ・選用杯型・ | ・風味・ | ・喝法・ |
|---|---|---|
| 威士忌杯（先冰杯） | 紫蘇、煎茶、天竺葵、玉蘭花 | 邊吃炙燒焦糖楊桃乾邊喝 |
| ・調製法・ | ・口感・ | ・適飲時間・ |
| Stir | 酸甜適中、乾淨直接 | 20分鐘 |
| ・冰塊・ | ・裝飾・ | ・品飲溫度・ |
| Rock | 玫瑰天竺葵糖粉－杯口、新鮮紫蘇葉、炙燒焦糖楊桃乾 | 1~3℃ |

## HOMEMADE

### 註1──紫蘇伏特加

**材料**

新鮮紫蘇葉…8g
伏特加…750ml

**做法**

1 將所有材料放入真空袋後抽真空。
2 以58°C低溫烹煮90分鐘,降溫後整包放
　冷凍庫冰一晚。
3 隔天取出後以咖啡濾紙過濾即可。

### 註2──煎茶琴酒

**材料**

日式煎茶…15g
琴酒…750ml

**做法**

1 將所有材料放入真空袋後抽真空。
2 以58°C低溫烹煮30分鐘。
3 冷卻後粗濾混勻即可。

### 註3──玫瑰天竺葵糖粉

**材料**

乾燥玫瑰天竺葵…5g
白砂糖…10g

**做法**

將玫瑰天竺葵放入果乾機風乾,取出後放
入食物攪拌機,加入白砂糖一起打成均勻
的細碎狀即可。

# 愛別離苦

## 材料

紫蘇伏特加[註1]⋯30ml
（製作詳見「紫蘇煎茶」）
自製風味苦酒[註1]⋯45ml
Starlino香艾酒⋯45ml
聖木伏特加[註2]⋯20ml
伏特加⋯20ml

## 做法

1 將所有材料放入加了冰的波士頓雪克杯中，使用滾動法來回滾動，使空氣大量注入酒體，直至溫度降低，且酒體表面產生泡沫後倒入杯中。
2 裝飾：最後以魚腥草、辣椒絲、稍微炙燒過的陳皮梅裝飾即完成。

## NOTE

愛別離苦，人生八苦之一。每週幾乎有三組客人因為失戀尋求酒精慰藉。大哭的也好，裝做不在乎也可以，他們只想喝最濃的，我懂～雖然大叔我已從情場退役（投身更有挑戰的婚姻世界，做錯事馬上吃子彈），不過再苦的際遇，等過了些時日，或許都能回甘，像是成為更好的自己、遇到可以好好相處的另一半，或是懷念單身的爽感。

點一杯愛別離苦給你，雖然Fernet Branca苦味利口酒有點苦，但青草茶、甘草的回甘滋味是我想送你的禮物，堅持一點，以後會更好的。

| ·選用杯型· | ·風味· | ·喝法· |
|---|---|---|
| 有底聞香杯（先冰杯） | 香料、木質、草本 | 直接喝 |
| ·調製法· | ·口感· | ·適飲時間· |
| Rolling | 微甜偏苦 | 20分鐘 |
| ·冰塊· | ·裝飾· | ·品飲溫度· |
| 一般 | 魚腥草、辣椒絲、炙燒陳皮梅 | 1~3℃ |

風味組合真的不難

### 註1──自製風味苦酒

**材料**

Fernet Branca 苦味利口酒…60ml
Fernet Branca 薄荷草本利口酒…20ml
龍膽利口酒…50ml
苦茶…100ml
青草茶…100ml
刺蔥…1g
澎大海…15g
甘草…2.5g

**做法**

1 將所有材料放入真空袋後抽真空。
2 以58°C低溫烹煮40分鐘,降溫後整包
　放冷凍庫冰一晚。
3 隔天取出後以咖啡濾紙過濾即可。

### 註2──聖木伏特加

**材料**

祕魯聖木屑…8g
伏特加…700ml

**做法**

1 將所有材料放入真空袋後抽真空。
2 以68°C低溫烹煮加熱60分鐘。
3 取出後隔冰水降溫,靜置常溫下至
　少48小時才可使用(只要使用木頭做
　Homemade,就一定要超過48小時才
　可以)。

# 五葉松 Gin Fizz

## 材料

琴酒⋯45ml

五葉松本人⋯10g

澄清檸檬汁⋯30ml

接骨木糖漿⋯10ml

糖漿⋯10ml

蛋白⋯20ml

新鮮去皮鳳梨片⋯30g

蜂蜜氣泡水⋯Top

## 做法

1 將所有材料（蛋白、蜂蜜氣泡水除外）
　放入果汁機中打勻。

2 做法1打勻的酒液和蛋白都倒入雪克杯
　中，使用手持攪拌機打發。

3 加冰搖盪均勻並降溫後，倒入裝了冰的
　高球杯中。

4 沿著杯壁內緣加蜂蜜氣泡水，需緩緩倒
　入杯中，這時不會有明顯分層，所以不
　用計較是否能乾淨分層。

5 裝飾：放上五葉松、紅花裝飾即完成。

## NOTE

與五葉松的相遇是與植物學家朋友在南投
採集時嗅到的好東西。我們把掉落的五葉
松葉帶下山，和鳳梨、檸檬一起打成汁
後，做成 Gin Fizz，喝起來會有一點草
味，但很容易喝，適合當餐酒飲用。

---

·選用杯型·
高球杯（先冰杯）

·調製法·
Blender、Shake

·冰塊·
一般

·風味·
松針的青草香、鳳梨果香、
蜂蜜香

·口感·
酸甜適中、氣泡感

·裝飾·
五葉松，紅花

·喝法·
直接喝

·適飲時間·
15分鐘

·品飲溫度·
3°C

# 達摩爺爺

## 材料

黑蘭姆酒⋯20ml

Fireball 肉桂威士忌利口酒⋯20ml

聖木伏特加⋯15ml（製作詳見「愛別離苦」）

Jägermeister 野格利口酒⋯5ml

Fernet Branca 苦味利口酒⋯5ml

迷迭香利口酒⋯5ml

聖木苦精⋯3 Drop

蜂蜜⋯30ml

檸檬汁⋯30ml

## 做法

1 在清酒壺的外壺鋪上咖啡渣，插上廣藿
香綠葉，使其有些微香氣。

2 將秘魯聖木點燃，待熄火發煙後倒扣內
壺集煙於桌面，備用。

3 將所有材料放入加了冰的雪克杯中搖盪
均勻且降溫。

4 將混勻的酒水倒入集煙完成的內壺中，
最後將內外壺組合即完成。

## NOTE

大家應該知道達摩爺爺是什麼吧？Google
一下，你一定有看過。我想表達一杯有
沉香的木料香氣，有點像廟宇裡陣陣燒
香的氣味，讓人的心情慢慢沉澱下來。
以 Fireball ball 肉桂威士忌、秘魯聖木組
成木質調的基本盤，加上野格、Fernet
Branca 利口酒、迷迭香，堆疊成燒香氣息
中一抹淺淺的甘甜味。不過這杯酒感比較
濃厚，喝完直接可以入定了。

---

| ·選用杯型· 清酒壺 | ·風味· 聖木、香料、迷迭香 | ·喝法· 插根吸管直接喝 |
|---|---|---|
| ·調製法· Shake | ·口感· 酸甜偏苦 | ·適飲時間· 20分鐘 |
| ·冰塊· 無 | ·裝飾· 外壺－咖啡渣，綠葉；內壺－秘魯聖木燻煙 | ·品飲溫度· 1~3°C |

## Recipe 6

# 濕地

## 材料

Gin&Talisker Infuse 註1…60ml
柚子伏特加註2…10ml
梅乃宿…2.5ml
Chartreuse Green利口酒…5ml
羅勒汁註3…15ml
糖漿…15ml
蛋白…15ml
澄清檸檬汁…30ml
蘇打水…Top

## 做法

1 將所有材料放入雪克杯中，用手持攪拌機打勻，並確認蛋白是否有些微打發。
2 使用滾動法降溫並注入大量空氣，倒入加了冰的杯中，再倒些許蘇打水。
3 裝飾：以柑橘皮油噴杯壁，放上棉衫菊，最後撒一點綠茶粉點綴即完成。

## NOTE

寫完這章真的超想回花蓮，我想念山海，想念潮濕但不黏膩的空氣，想念意外跑進嘴巴的水氣，有點鹹鹹的。想以溪口濕地為主題，做一杯屬於自己的鄉愁，Gin加上Talisker進行奶洗，Talisker本身就有海鹽的味道，因此Infuse後的海鹽味更明顯，就像直接撈一口海水喝一樣～奶洗的方式能沖刷30%的風味，獲得恰好的鹹鮮。

「濕地」看起來綠綠又有點海菜味道，以新鮮羅勒打成汁（一定要加抗氧化劑喔），加上柚子汁、蛋白、檸檬汁做的Foam，像是海浪拍打後留在岸上的泡泡。一杯黃綠色澤，類似Ramos Gin Fizz結構的「濕地」，分享同樣思念花東的你。

| ·選用杯型· | ·風味· | ·喝法· |
|---|---|---|
| 高球杯（先冰杯） | 羅勒、柚子、香料、海味 | 插根吸管稍微攪拌後直接喝 |
| ·調製法· | ·口感· | ·適飲時間· |
| Blender、Rolling | Creamy、酸甜適中 | 20分鐘 |
| ·冰塊· | ·裝飾· | ·品飲溫度· |
| 一般 | 柑橘皮油、棉衫菊、綠茶粉 | 3°C |

風味組合真的不難

## HOMEMADE

### 註1——Gin&Talisker Infuse
**材料**

琴酒…350ml
Talisker威士忌…350ml
鮮奶…100ml
萊姆汁…10ml

**做法**

1 將所有材料倒入容器中混合均勻。
2 以咖啡濾紙過濾後再裝瓶即可。

### 註2——柚子伏特加
**材料**

柚子醬…150g
伏特加…300ml
果膠酶…1g
燕菜膠AGAR AGAR…1g

**做法**

1 將所有材料（燕菜膠除外）攪拌均勻後
  靜置20分鐘。
2 加入燕菜膠AGAR AGAR，繼續靜置20
  分鐘。
3 以咖啡濾紙過濾後再裝瓶即可。

### 註3——羅勒汁
**材料**

新鮮羅勒葉…20g
萊姆汁…200ml
抗氧化劑…5g

**做法**

1 將所有材料放入果汁機中打散。
2 以咖啡濾紙過濾後再裝瓶即可。

# 鐵觀音 Gin Fizz

## 材料

鐵觀音琴酒註1…60ml

檸檬汁…30ml

接骨木糖漿…20ml

葡萄柚氣泡水…Full up

## 做法

1 先製作裝飾物:將葡萄柚切成半圓片,炙燒至焦黑,備用。

2 將所有材料倒入雪克杯Dry shake搖盪均勻。

3 將酒液倒入加了冰的高球杯中,再倒入葡萄柚氣泡水(記得留些空間給炙燒葡萄柚)。

4 裝飾:放入做法1的炙燒葡萄柚切片,最後以綠葉點綴即可。

## NOTE

鐵觀音有一種強烈的焙味,但若要融入Gin Fizz輕鬆的氛圍,就適合再加一些果香,以市售的葡萄柚氣泡水取代一般氣泡水,讓喝感更順暢,同時能感受到鐵觀音的茶香。

| ·選用杯型· | ·風味· | ·喝法· |
|---|---|---|
| 高球杯(先冰杯) | 葡萄柚、接骨木、鐵觀音茶香 | 直接喝 |
| ·調製法· | ·口感· | ·適飲時間· |
| Dry shake | 氣泡感、酸甜適中 | 15分鐘 |
| ·冰塊· | ·裝飾· | ·品飲溫度· |
| 長冰 | 炙燒葡萄柚切片、綠葉 | 1~3°C |

風味組合真的不難

### 註1——鐵觀音琴酒

**材料**

鐵觀音茶葉…15g
Bombay琴酒…750ml

**做法**

1 將所有材料放入真空袋後抽真空。
2 以48°C低溫烹煮30分鐘,降溫後整包
　放冷凍庫冰一晚。
3 隔天取出後以咖啡濾紙過濾即可。

## Recipe 8

# 蜜香瑪黛茶

## 材料

蜜香伏特加註1…30ml
山竹瑪黛茶伏特加註2…30ml
接骨木糖漿…15ml
蜂蜜…15ml
檸檬汁…30ml
蛋白…30ml

## 做法

1 將所有材料加入波士頓雪克杯中，使用
手持攪拌機，將蛋白打發，加冰搖盪均
勻濾至加了冰的杯中。
2 裝飾：放上蜂巢餅乾註3，再以綠葉、
小白花點綴，撒上覆盆莓果碎點綴即
完成。

## NOTE

來聊一些食材二次利用的概念，原本用一
次就要丟掉的食材其實還有許多用途。舉
例一下，用來Infuse的蜜香紅茶葉，烘乾
碾碎後加上蛋黃、低筋麵粉，可以做成茶
香餅乾，一點也不浪費。蜜香紅茶跟山竹
馬黛茶搭配時，會有種英式水果茶的浪漫
感，再配一片茶香餅乾，做成下午茶感的
調酒，どうぞ〜

| ・選用杯型・ 威士忌杯（先冰杯） | ・風味・ 瑪黛茶、蜜香紅茶、接骨木、蜂蜜 | ・喝法・ 邊吃蜂巢餅乾邊喝 |
|---|---|---|
| ・調製法・ Shake | ・口感・ 酸甜偏甜 | ・適飲時間・ 15分鐘 |
| ・冰塊・ 一般 | ・裝飾・ 自製蜂巢餅乾、綠葉、小白花、覆盆莓果碎 | ・品飲溫度・ 1~3℃ |

風味組合真的不難

## HOMEMADE

### 註1──蜜香伏特加

**材料**

蜜香紅茶葉…15g
伏特加…750ml

**做法**

1 將所有材料放入真空袋後抽真空。
2 以48°C低溫烹煮30分鐘,降溫後整包放冷凍庫冰一晚。
3 隔天取出後以咖啡濾紙過濾即可。

### 註2──山竹瑪黛茶伏特加

**材料**

山竹瑪黛茶葉…15g
伏特加…750ml

**做法**

1 將所有材料放入真空袋後抽真空。
2 以48°C低溫烹煮30分鐘,降溫後整包放冷凍庫冰一晚。
3 隔天取出後以咖啡濾紙過濾即可。

### 註3──自製蜂巢餅乾

**材料**

低筋麵粉…50g
蛋白…50g
無鹽奶油…50g
蜂蜜…適量

**做法**

1 將奶油切小塊放入大碗,隔水融化至液狀,並且降溫(仍是液狀)。
2 依序加入麵粉、蛋白攪拌均勻至無粉粒。
3 加入適量蜂蜜調整甜度,需留意麵糊稠度,不能過稀。
4 烤箱預熱至上下火165°C,備用。
5 麵糊倒入圓形蜂巢模具中,用抹刀抹平整,放進烤箱烤,每五分鐘拿出來換面,烤至上色即可。

## Recipe 9

# 蜜桃臀

## 材料

愛爾蘭威士忌…60ml
蜜桃果茶註1…60ml
澄清檸檬汁…30ml
玫瑰糖漿…10ml
蜂蜜…5ml
蛋白…10ml
蜂蜜蘇打水…Full up

## 做法

1 將所有材料（蜂蜜蘇打水除外）加入波
　士頓雪克杯中，使用手持攪拌機將蛋白
　打發，加冰搖盪均勻後濾至加了冰的杯
　中，倒入蜂蜜蘇打水。
2 裝飾：放上喜歡的小花草即完成。

## NOTE

雖然酒譜中有Whisky，但酒感不會很
重，Don't worry～而且它是花果香氣非
常足夠的一杯調酒。「蜜桃臀」，顧名思義
讓人有種愉快的港覺～蜜桃罐頭的香甜也
是普羅大眾從小到大都愛的食物，很常出
現在水果蛋糕裡，加上東方美人茶打成汁
再過濾後，就獲得一杯均衡濃郁的蜜桃果
茶，嚐起來清爽酸甜、花香、氣泡感，非
常繽紛輕盈，初戀的身影彷彿又出現在眼
前…是年輕的肉體啊！（誤）這杯適合餐
後喝，讓你重新獲得迷人的果感口氣。

| ·選用杯型· 高球杯（先冰杯） | ·風味· 蜜桃、蜂蜜、玫瑰 | ·喝法· 插根吸管直接喝 |
|---|---|---|
| ·調製法· Shake | ·口感· 酸甜偏甜、綿密、微稠、氣泡感 | ·適飲時間· 15分鐘 |
| ·冰塊· 一般 | ·裝飾· 喜歡的小花草 | ·品飲溫度· 1~3˚C |

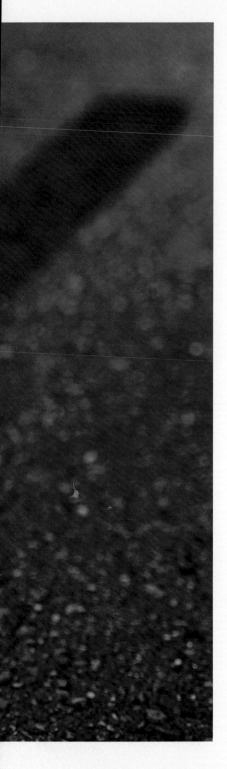

### 註 1——蜜桃果茶

**材料**

蜜桃罐頭…250g
東方美人茶葉…600ml

**做法**

將所有材料放入果汁機打散後粗濾，備
用。一般蜜桃罐頭是黃桃，若你想買白桃
罐頭也可以用。

# 月桃紅心芭樂

## 材料

馬告龍舌蘭<sup>註1</sup>…30ml
月桃頭伏特加<sup>註2</sup>…30ml
Lillet White 開胃酒…20ml
紅心芭樂果泥…20g
康普茶…20ml
檸檬汁…20ml
玫瑰糖漿…20ml

## 做法

1 先在杯口沾一圈馬告鹽，備用。
2 將所有材料加入波士頓雪克杯中，加冰搖盪均勻後濾至加了冰的杯中。
3 裝飾：在杯中擺入月桃葉、紅心芭樂乾即完成。

## NOTE

很多人會用紅心芭樂，但我希望這杯酒的風味交織更有趣一些。首先出場的是馬告龍舌蘭、月桃頭伏特加，先建立調酒的基底。月桃頭（連結根部的莖）是薑科類植物，嚐起來有薑香味，配合馬告的刺激感、玫瑰香氣、康普茶的發酵氣味、強化葡萄酒的酸度，堆疊成類似「去糖芭樂汁」，再與紅心芭樂汁融合，讓整體的風味感受更加立體，喝起來就不只是一杯普通的紅心芭樂汁（或是普通的果汁調酒）了。

| ·選用杯型· | ·風味· | ·喝法· |
|---|---|---|
| 笛型杯（先冰杯） | 紅心芭樂、薑、發酵酸、胡椒香 | 直接喝 |
| ·調製法· | ·口感· | ·適飲時間· |
| Shake | 酸甜平衡、口感微稠 | 15分鐘 |
| ·冰塊· | ·裝飾· | ·品飲溫度· |
| 一般 | 馬告鹽－杯口<br>紅心芭樂乾、月桃葉 | 1~3°C |

風味組合真的不難

## HOMEMADE

### 註1──馬告龍舌蘭

**材料**

馬告粒⋯10g
Blanco龍舌蘭⋯700ml

**做法**

1 將所有材料放入真空袋後抽真空。
2 以48°C低溫烹煮30分鐘,降溫後整包
　放冷凍庫冰一晚。
3 隔天取出後以咖啡濾紙過濾即可。

### 註2──月桃頭伏特加

**材料**

乾燥月桃頭⋯10g
伏特加⋯700ml

**做法**

1 將所有材料放入真空袋後抽真空。
2 以48°C低溫烹煮30分鐘,降溫後整包
　放冷凍庫冰一晚。
3 隔天取出後以咖啡濾紙過濾即可。

風味組合真的不難

# COLUMN 調酒師的思考

**思考 6**　如何累積自己的風味資料庫？

　　風味的訓練可以從「想像」、「拆解」和「實作」三方面來看。平時訓練店裡夥伴時，我會出個食材考題，比方金棗，要大家先吃吃看並說出初步聯想，有的人說想到柑橘精油、有人說果香明顯…等，總之會有各種答案。接著問大家：「覺得能搭配什麼酒？」，調酒師 A 說他覺得配龍舌蘭；調酒師 B 則覺得因為有點果香，或許可以加百香果；調酒師 C 說，他覺得金棗有點酸度，想加點甜幫助平衡…等，像這樣讓大家不斷丟答案出來，說出自己的想法，同時也聽聽別人的想法。當大家都說完之後，我會請調酒師在現場把他們想像的酒實際做出來，通常當下大家會覺得很驚訝！為什麼要這麼做？因為透過實作，才會知道自己哪裡不足，因為大部分的調酒師在訓練初期，都是練習先在腦中建構風味，但是這會形成盲點，比方說你想像的酸到底夠不夠酸？你想要的甜到底夠不夠甜？這個食材香氣足不足，是否香過你的基酒？或是和你選的基酒能不能達到一個好的平衡…等，能切入的角度非常非常多，但唯有真的做成調酒才、算、數！透過不斷實驗，累積夠多的失敗和成功的經驗，日後你對於風味的想像才會更加精準。

　　覺得拆解食材風味有些困難或不知從何下手的人，不妨從「品嘗食材」開始練習。通常大家會直接把食材整個吃掉，但是我會從外到內、一層一層分開吃，這時你會發現同個食材其實不只一種味道。比方前面提到的金棗，下次把果皮、果肉、籽都分開吃吃看，做調酒的時候也嘗試把皮肉籽分開，變成三種風味。舉例來說，

把金棗皮和果肉做成風味糖漿,把比較酸的果心做成酸質來用,這樣一顆金棗就能展現不同風味。又或者搭配百香果,百香果是強烈的酸味,很重很直接,或許可以用澄清的方式把酸味壓低,去掉30%的酸味,但是讓百香果酸若隱若現地接在金棗的後面出現。

　　除了拆解食材味道,也鼓勵你去記住「不好的味道」、「很難讓人發現的味道」。就像蓮霧和棗子,它們是味道比較清淡的食材,我曾經好奇地做過棗子實驗,想說拿去風乾看看,結果發現棗子乾竟然像臭抹布的味道!非常像抹布洗了之後但沒乾的濕霉味!像這種看似不好或實驗失敗的味道也是很好的,一樣把它記在你的味覺筆記本裡,這樣資料才會越來越豐富,知道什麼食材可以用、又要怎麼用。

就像廚師不斷試做料理，調酒師也是不斷實驗食材，這時擁有極大的好奇心才能幫助你快速累積風味經驗，而且需要多元發展。包括對於食材風味及口感的好奇、對生活周遭的好奇，再用好奇心進行實驗和實證。實驗過程中的技術可以不斷精進，但用什麼設備不是最大重點，以免只有單一地鑽研設備而有點矯枉過正。試著把好奇心的觸角往四面八方張開，我個人覺得最好同時對於很多東西都好奇，而且越多越好，什麼都去試試看，才會蒐集很多不一樣的結果，如果因為個人喜好而不去試，你就不知道每項食材的優缺點。就像小朋友挑食，有些東西你可以不喜歡，但不能不試試看，把自己侷限住，風味訓練之路就走窄了。對於調酒師來說，這些大量的味覺訓練都是為了做出「好喝的調酒」給客人，所以請先把個人喜好放一邊吧，長期練習下來，必能更快掌握各種食材風味的特性及延伸變化。

## 思考 7　很生活的 Infuse 手法

　　Infuse 是調酒師展現風味的一種手法，它沒有高深的學問，全靠強大的好奇心和不怕失敗的實驗精神。其實對台灣人來說，Infuse 就在我們的日常生活中，而且每個人多多少少都有相關的飲食經驗。在早期的年代，長輩熱衷做浸漬酒補身，不是有蛇酒、土龍酒、蜜蜂酒嗎？還有十全大補湯裡有用到某種蜥蜴，聽說那也是用酒類去浸漬的，喝起來有一種腥味。還有啊，用各種果實去浸泡的水果酒也是 Infuse，以前的人做浸漬酒是需要食材的某些功效或延長保存之用，故以酒精為介質，把味道拉出來。我們調酒師也用類似的方式，把糖跟風味溶解到酒精裡，像是平易近人的利口酒。

　　嘗試 Infuse 雖然代表了調酒師的風格還有創作想法，但不一定是非做不可的事，就像有些調酒師穿西裝，也有人習慣穿實驗服、穿背心，那代表了他的外在形象。也有調酒師不走 Infuse 的路線，他可能選擇用酒直接表現他的硬功夫，一樣可以做

出很多厲害的調酒；或擅長用很多奇怪風味做出讓人驚艷的調酒…等，各路大神的風格都不一樣。

　　像我自己是想要把台灣的味道保留下來，所以常使用Infuse把風土的味道放進杯子裡，也方便客人透過品飲調酒去了解不同的台灣味，比方說山上的各種味道、海拔1700公尺的味道、露水或青苔的味道…等大自然的氣息，在本書裡可以看到不少這類型的調酒作品。我的工作室就像實驗室，除了玩Infuse，也嘗試蒸餾、發酵、做果乾，最近迷上的是把土壤拿去殺菌，放到烈酒裡再蒸餾，完成的酒液是透明的，但是喝起來卻有土壤味道，非常有趣！還有也想要實驗不同植物，像是姬昌蒲，我想把它做成糖漿或Infuse在酒裡面看看。總之！同一個食材可以有不同的表現手法，強烈建議大家盡量去嘗試，才能讓食材以最適合的方式呈現在你的調酒作品裡。

# NOT JUST

# A

# BARTEN

# DER

Y

Chapter5

酒　　　吧　　　裡　　　的

植 物 採 集 家

# 把自然永續概念放進調酒裡
## Allen's Talk

　　想寫第二本書的念頭，約莫從 2021 年開始萌芽，2021 年也是 Fourplay 成立十週年，想替這段里程碑留下紀念。不料疫情蠻橫，一波未平、一波又起，店裡的生意好不容易有些起色，點燃苗火消散剩下灰紅餘塵，救火要緊，但其實在城市討生活不就這麼回事？挑戰環境的轉變、處理人際關係、更換老舊器具、投資未來保護自己，每天面對不同的問題，擴張理智線的臨界點，有多要想兩手一攤啥都不管，轉過身就有多少不捨，所以還是挺直身子繼續蠻幹。

## 2022 年初，意志消沉襲來

　　不管是自己或是身邊的人，只要到了一個年紀，偶爾難免有居安思危的焦慮、身經百戰的憔悴。乍暖還寒之際最難將息，每日提心吊膽地工作，臉上風霜感之強烈，照鏡子的時候，認真覺得等速後退的髮際線很幽默，我到底要去植髮還是剃光呢？但光頭好像已經是一些老朋友的招牌造型，怕會不會有人把我認成 Aki（燦笑）。想起去年此時，驅車回到老家花蓮，也安排了一趟港口部落之旅，穿越百歲樹林，踏過泥濘與草叢時，感受到日光飽滿、海風徐徐，同在一片天地自給自足，港口人依傍大地、傾聽自然的輕聲細語、感受節氣的引領，當地人們同樣

酒吧裡的植物採集家

地辛勤著，卻更加踏實。相較城市生活，每天汲汲營營，加班加到爆，到底在忙什麼呢？（寫著寫著就哭了）或許是老天眷顧，捎了訊息給植物學家朋友立蘇，他搞了一些柳杉葉給我，那些日日夜夜的港口回憶透過嗅聞湧現，這是一個來自Mother nature的召喚，也讓我更執著於創造清澈、飽滿芬多精的味道，想讓這種純粹多靠近自己一些。

## 前往花蓮‧港口部落，發現大自然告訴我的事

「不要什麼都放嘴巴裡，我說可以吃再吃！今天我是幼稚園老師嗎！？」
「我就好奇想知道嘛～～」

「如果你吃到之後覺得舌頭麻麻，那就是有毒，要馬上跟我說喔！」

　　立蘇一定覺得我很煩，走到哪就吃到哪。好不容易有個機會回老家，之前很久沒有回去了，我想應該也長了很多小時候沒有吃過的草吧？與父母請安後，與立蘇踏上野外考察的冒險，來到依山傍水的的港口部落。

　　我們在傍晚時分抵達居住的民宿，主人鎮妹姐在庭院生了一團暖火，讓我們去寒，雖然已是春分時節，但山裡入夜後，溫度超速驟降，必須穿上兩件發熱衣才覺得不冷。到目前為止，骨子裡那舟車勞頓又飢寒交迫的都市人格正在崩潰，社會帶給我的磨練、表情控管力，瞬間退回幼幼班等級，好想回家、好想開暖氣、

好餓…此時鎮妹姐拿了一盤醃豬肉出來，又走向庭院的刺蔥樹，摘了幾片葉子，刺蔥葉經過輾壓、再加些檸檬汁，一把撒在醃豬肉上，強烈的草本風味，吸引了都市人格的注意力，那是一股陽剛又體面的氣息，搭配醃豬肉的香料調味、滑口油脂，天然的檸檬酸味伴隨在後與肉香交織。「要來口小米酒？」米香甘甜濃厚，酒感超過40％，過喉的熱度讓身體舒暢，大家不都說美食能拉近人與人之間的距離嗎？我想當下應該就是這樣美好的滋味，能破除對未知的防備、創造舒適的氛圍，讓感官回到當下。此時的滿天星宇，是從未見過的氣象萬千。

我。好。快。樂。

真的，瞬間工作的煩惱聚合成壓縮檔，我只剩下我自己，不是工作狂、不是追求潮流的都市人，我就是我，純粹喜歡生活的自己。接下來幾天考察，我就像一個孩子，看到什麼問什麼、能吃的都不放過、逢人聊天、有酒就喝。有一天經過一間掛著「早餐」招牌的店家，早上看起來還滿正常的，到了中午，只要出現一位帶了酒去吃早餐的客人，過不了多久，街坊裡六成的居民就會自動向「早餐店」聚集，直接嗨到傍晚，再晚一點就有人開始唱歌了。原來…Launge bar與早餐店，兩者在本質上好像沒差很多嘛，新發現耶～港口人的樂天，取之用之，並善用之，早餐店就是個很好的例子，但這是比較娛樂的層面，而真正讓我留意在心上的，是港口人在生活層面上的用心盡力。

怎麼說呢？

幾乎家戶都有幾個罈子，用來釀酒或儲存食物，原料來自市場買來的肉、後院摘的蔬果、海邊捕撈的漁獲，港口人珍惜資源，與其說不浪費，不如佩服他們替每一種素材都找到適合發揮的位置。就拿最簡單的橘子來說，橘皮拿去釀酒、種籽碾碎做成調味香料、過剩的果肉風乾當作小朋友的零嘴；或是帶著鋤頭與鹽巴上山採

　　　　酒吧裡的植物採集家　　　　　　　Chapter5

集，遇見可食用的食材，先以鹽巴保存，但不過度捕獲，其餘的食材就讓山中的鳥兒、蟲族繼續播種繁衍，使用食材的過程對港口人來說不只是為了當下，更希望保留資源給下一代，延續大自然與人類共生的時間。

「Allen啊，不管食物植物，不只有你看得到和想得到的部分，或許有更多的可能性。像平常用不到的香蕉花，或許可以拿去做料理耶。」

「姐說的是～」

「啊有毒的不要吃，你有看到前面有個海祭場嗎？那是我們港口人祈求豐收、平安的魔法陣，祖靈讓我們還能保有這塊土地，還有快樂的爺爺奶奶講故事給孩子聽，我們不要太多，取得不容易耶，要好好珍惜」

「嗯嗯，還有小米酒也很珍貴」

「喜歡嗎？帶一瓶回去啊，這樣那個調酒更有活力，你看奶奶喝了多開心」

返回台北的路程，無意間看到一篇文章寫道：「沒有蜜蜂，森林只剩下枯木；沒有冰川，只會加劇暖化；沒有人類，世界一片祥和。有關沒有人類那Part，不知道是好或壞，倘若沒有跟大自然友善共存，想必我們的下一代，也無法體會什麼是環保的意義，就算科技發達，iPhone出到32代、SAMSUNG發表可以穿越時空的手機（我只是打個比喻啦），人們心中沒能留下對土地的記憶，這樣有機會達到永續的境界嗎？以前的我只想要將風味組合起來，眼前看到的只有素材A、B、C，而沒有留意到素材的延展性，是不是取下果肉只為了做一杯酒，其餘部分就要丟掉了？如果保留下來，還能做些什麼善加利用呢？

## 2022 年末，想帶一塊小小的山送給你

　　回到台北後，書還沒寫完，店倒是重新裝潢後開幕了，以 Drizzle - 山濛，比霧氣凝重，卻比細雨輕柔的濕氣為名，帶有覆蓋大地、滋養生靈、創造生命的意義，我們想呈現大自然的韻味，以及永續精神。鎮妹姐說的對，食材的每個部分都有能使用的價值，只是沒有好好被發現而已。就好比用野薑花當作町劑的原料，吸收其花苞的香氣，製成特殊風味的原料；香蕉採收後剩下的香蕉花，酥炸成一盤纏嘴小點，同樣的美味，來自不曾被留意的角度。這也是我想在下個十年實現的理想，能夠完全利用食材達到不同型態的變化，盡量不做多餘的浪費，取之用之，並善用之。

我還想帶著自己的小孩，回去花蓮老家看看，跟他分享老爸小時候玩樂的樹林、曾經走過的路、泡妞的海灘（呃，這還是晚點再跟她分享好了）、覆蓋在肌膚上的山嵐…。隨著時間過去，或許景色會有些不同，但希望永續的生活與傳承，能再多保留一些，一些就好，不要全都消失啊。

# 野薑花康普茶

## 材料

野薑花康普茶Premix[註1]⋯100ml
Tio Pepe雪莉酒⋯20ml
澄清檸檬汁⋯5ml
梔子花水⋯2 Drop
野薑花酊劑⋯2 Drop

## 做法

1 將所有材料加入杯中。
2 放入冰塊，在酒液上滴野薑花酊劑，攪拌均勻即可。
3 裝飾：放上綠色長葉，最後以黃色小花點綴即完成。

## NOTE

野薑花的花瓣薄如紙，雪白色澤在太陽的照射下，白裡透著淡藍，非常優雅，遠看也長得很像一團衛生紙（？）。野薑花的香氣淡雅，蒐集一把作成酊劑，在高濃度酒精中浸泡一週，花香結構會更明顯，也更容易聞到它淡雅的枝微末節。酊劑完成之後，可以拿小滴管分裝，調酒做好後滴上一點，讓整杯氣味更加豐富。

| ·選用杯型· | ·風味· | ·喝法· |
|---|---|---|
| 無底聞香杯（先冰杯） | 野薑花、葡萄、柑橘 | 直接喝 |
| ·調製法· | ·口感· | ·適飲時間· |
| Stright | 酸甜偏甜、口感乾淨清澈 | 15分鐘 |
| ·冰塊· | ·裝飾· | ·品飲溫度· |
| 一般 | 綠色長葉、黃色小花 | 1~3℃ |

酒吧裡的植物採集家

## HOMEMADE

### 註1——野薑花康普茶Premix

**材料**

Dewards威士忌12年…700ml
芫荽籽…10g
香茅…10g
蘋果汁…300ml
康普茶…300ml
原味無糖優格…150g

**做法**

將所有材料倒入果汁機中打散，再以咖啡濾紙過濾即可。

**NOTE**

澄清的方式有很多種，左頁上圖是奶洗（使用鮮奶或優格都可以），下方則是加入果膠酶的做法，做成澄清果汁。在野薑花Premix中，加了康普茶，它的發酵酸能中和檸檬汁的果酸，降低酸質的銳利，也讓調酒的風味趨近平衡。

# 柳杉 Gin Fizz

## 材料

柳杉琴酒註1…60ml
接骨木糖漿…20ml
澄清檸檬汁…20ml
蘇打水…Full up
檸檬角…1片

## 做法

1 將所有材料（蘇打水除外）加入雪克杯 Dry shake 搖盪均勻。
2 倒入加了冰的高球杯中，將蘇打水加滿（如果你用長冰，倒入蘇打水時請避開長冰，避免過於化水影響風味）。
3 最後拉動冰塊，攪拌均勻即可，但不能拉太多次，以免氣泡跑光了。
4 裝飾：用火槍燒一下乾燥柳杉葉，稍微加熱即可放入杯中，以造型檸檬皮點綴，最後擠上檸檬皮油即完成。

## NOTE

這杯，我想你應該也從前面的字裡行間感受到我有多愛它了，喝起來有雨天的味道，很難想像嗎？喝喝看就知道了！

---

·選用杯型·
高球杯（先冰杯）

·調製法·
Dry shake

·冰塊·
長冰

·風味·
木質

·口感·
氣泡感、酸甜適中、清爽

·裝飾·
炙燒過的乾燥柳杉、造型檸檬皮

·喝法·
直接喝

·適飲時間·
10分鐘

·品飲溫度·
1~3℃

## HOMEMADE

### 註1──柳杉琴酒
材料

柳杉葉…15g
琴酒…750ml

### 做法

1 將所有材料放入真空袋後抽真空。
2 以48°C低溫烹煮30分鐘，降溫後整包
　放冷凍庫冰一晚。
3 隔天取出後以咖啡濾紙過濾即可。

### NOTE

如果你也喜歡把植物元素放入調酒，只要
去一趟花市、花店買幾種小型盆栽就很好
用，外觀是小小的苗，每盆大概五十多元
吧，不用買到一大盆。在家玩簡易調酒的
話，迷迭香、薄荷一定要買，也可以買點
芳香萬壽菊和鼠尾草。鼠尾草有分蘋果鼠
尾草和鳳梨鼠尾草，這鼠尾草有個特性，
只摘葉子是聞不到什麼味道的，不用客
氣，把它整撮拿起來聞（就像抓著長頭髮
一樣），才能感受到它特有的香氣。

其他香草植物像是蒔蘿、小茴香、羅勒、
奧勒岡也很適合調酒，還能拿來做料理，
完全不浪費。如果不想要那麼多種植物同
時種在家裡，或者你不是綠手指、很怕把
植物養死的話，可以買不同的基酒或買一
支基酒，分成三瓶（各100ml）做不同的
Infuse，這樣同時能得到好幾種不同口味
的伏特加或琴酒，晚上或週末想要調一杯
的話，立刻派上用場。

## Recipe 3
# 糕仔崁古道

**材料**

水八角琴酒註1…45ml
Lillet Blanc開胃酒…10ml
蜜桃茶糖漿註2…20ml
鳳梨醋…30ml
海鹽…10g
柑橘皮絲…1顆的量

**做法**

1 製作柑橘鹽：將海鹽、柑橘皮絲倒入保鮮盒中，蓋起來後密封搖晃，待鹽出現淡淡黃色和香氣後即可使用。取一些柑橘鹽放在可微波的盤子上，每次十秒加熱，直到乾掉變成鹽塊為止，完成後打碎即為柑橘鹽。

2 將所有材料加入Mixing Glass中，加冰且攪拌均勻即可。

3 裝飾：在杯腳杯墊放一半量的柑橘鹽，另一半撒上防潮糖粉及綠檸檬碎屑，以造型黃檸檬皮、銅錢草、蔓越莓點綴，再附上一塊綠豆糖糕即完成。

---

| ·選用杯型· | ·風味· | ·喝法· |
|---|---|---|
| 馬丁尼杯（先冰杯） | 鳳梨醋、水蜜桃、八角 | 邊吃綠豆糖糕邊喝 |
| ·調製法· | ·口感· | ·適飲時間· |
| Stir | 酸甜適中、發酵酸味 | 10分鐘 |
| ·冰塊· | ·裝飾· | ·品飲溫度· |
| 一般 | 柑橘鹽、防潮糖粉、綠檸檬碎屑、造型黃檸檬皮、綠豆糖糕、銅錢草、蔓越莓 | 1~3℃ |

### 註1──水八角琴酒

**材料**

水八角⋯15g
琴酒⋯700ml

**做法**

1 將所有材料放入真空袋後抽真空。
2 以48°C低溫烹煮30分鐘，降溫後整包放冷凍庫冰一晚。
3 隔天取出後以咖啡濾紙過濾即可。

### 註2──蜜桃茶糖漿

**材料**

B&G 德國農莊蜜桃瑪黛水果茶⋯10g
生飲水⋯200ml
白砂糖⋯320g

**做法**

1 把蜜桃瑪黛水果茶葉、生飲水倒入鍋中，先煮成茶。
2 加入白砂糖攪拌至溶化，放涼後裝瓶即可。

### NOTE

「糕仔崁古道」是地名，欸還真的有這個地方，就在嘉義縣竹崎鄉。舊時為連結奮起湖與太和、瑞里間的主要通道，走到海拔比較高的地方，會遇到嘉義名產水蜜桃，走到比較低的地方，也可以遇到名產蜜餞，以這種食材風味為靈感創作出這杯調酒。用鳳梨醋替代蜜餞，與蜜桃茶的糖漿組合成酸甜平衡Team，透露出草本果香的甜白酒氣息，並加入水八角琴酒。水八角聞起來像是大葉天香、茴香，需要在水質非常好的環境才能成功培育，做成Infuse能讓調酒有畫龍點睛的效果。

另外在杯腳放一塊綠豆糕，象徵以前在古道趕路的人們會吃的休憩小點，現在就獻給坐在吧台邊雙眼無神的客人一些卡洛里上的支持，生活加油，續杯加油！

# 來自家鄉的聲音

## 材料

蜜香紅茶伏特加<sup>註1</sup>…45ml

小米酒…30ml

蜂蜜…15ml

鳳梨醋…30ml

## 做法

1 製作大冰：取一塊大冰沾取椰子油，因為溫度的關係，會凝結成一塊椰子油蓋，趁完全凝結之前沾上事先炙燒過的紅胡椒粒、撒上馬告鹽，以增加香氣。

2 將所有材料加入雪克杯，加入少許冰塊，以滾動法來回滾動注入空氣，直到降溫且表面呈現許多泡沫為止，倒入杯中。

3 裝飾：在杯裡放入處理成圓形的月桃綠葉，再擺上做法1的大冰，最後以馬告鹽、紅胡椒粒、兔角蕨點綴即完成。

---

·選用杯型·
威士忌杯（先冰杯）

·調製法·
Rolling

·冰塊·
Rock

·風味·
蜜香紅茶、小米酒、鳳梨、果香

·口感·
酸甜適中、米釀、酒感稍強

·裝飾·
椰子油、大冰、馬告鹽、
紅胡椒粒、兔角蕨、月桃綠葉

·喝法·
直接喝

·適飲時間·
10分鐘

·品飲溫度·
1~3°C

酒吧裡的植物採集家

## HOMEMADE

### 註1——蜜香紅茶伏特加

**材料**

蜜香紅茶葉…15g
伏特加…750ml

**做法**

1 將所有材料放入真空袋後抽真空。
2 以48°C低溫烹煮30分鐘，降溫後整包
　放冷凍庫冰一晚。
3 隔天取出後以咖啡濾紙過濾即可。

## NOTE

我的家鄉花蓮，普遍給人的第一印象就是小米酒～～雖然還是有很多值得被擺在第一順位的特色，但不能否認花蓮的小米酒金讚！

小米酒的自然發酵米釀香氣，與蜂蜜、檸檬汁搭配做出酸甜平衡的風味，是柔和、是舒服的。搭配蜜香紅茶伏特加，有些酒精支撐，有些蜜香紅茶風味透出，與小米酒結合，味道像是香水一樣，非常飽滿。

你會發現本書使用非常多茶酒Infuse，但要怎麼知道自己的Infuse有沒有做好呢？
POINT1：完成後，先喝一口純的，再加三分之一的水喝喝看有沒有味道。
POINT2：加水之後不要倒掉，再加冰，等化水之後喝喝看，如果還可以喝到風味，那
　　　　就代表Infuse是成功的，因為就算使用不同填充物取代，風味也會一樣飽滿。

# NOT JUST A BARTEN DER

Chapter6

喝　杯　酒　，

換　人　生　故　事

# 讓熱愛調酒的初衷成為引路的牽繩
## Allen's Talk

### 師傅雪莉給我的「職場法條」

有關自己的調酒概念、風格建立，各位請不用操之過急去尋找答案，先放寬心去感受調酒帶給你的喜悅。我舉個例子，最近店裡有一位常客，不滿三十歲的上班族，她總是一個人來，點了 Whisky Sour 或盤尼西林之後，坐在位置上發呆看電視，還這麼年輕，神情卻像一個小糟老頭。她不快樂，迷失在不停加班的午夜輪迴；她沒有動力，為了討生活卻忘記照顧自己的熱愛，我想大多數的人應該都有聽過什麼…工作要選「有錢途」的、或是選自己喜歡的，但要把工作跟生活分開、小心不要把自己喜歡的興趣當工作，因為有可能會由愛生恨…等。以老朽的經驗來看，就算害怕純粹的愛被壓力與苦痛擊垮，至少自己的初衷可以成為引路的牽繩，回歸本質，找到自己愛上的原因，再想辦法持續走下去，所以還是要喜歡自己做的事情啦，越老的時候越有感覺，每分每秒的花費都非常珍貴，承擔不起空虛或浪費的後座力。

答應我，要先喜歡調酒，能承受入行的辛苦，再考慮要不要當調酒師好嗎？

眼前不畏困難的好兄弟、好姊妹們，調酒師的工作看似很輕鬆，但真正上過戰場的人就知道做起來不像客人看起來的那麼有趣，更別說想要做得久，那就更需要替

自己在工作上設立目標與限制，畢竟酒水過飲易誤事。在此，我依自己心得，整理三條鐵律給大家參考，希望能對諸位有所幫助，喜歡的話再請抖內按讚分享唷～

## Rule 1：酒色財氣毒品女人不碰

這是我剛入行時，師傅雪莉告誡我的「職場法條」，不論你是資淺或資深調酒師，絕對不要輕易地越界，調酒圈不大，這裡資訊流動的速度跟5G一樣快唷～

- ●「酒」：上班不能喝醉，若你醉了那誰來收吧台？
- ●「色」：不能對客人色色，維持人與人之間的距離，是最基本的禮貌。
- ●「財」：不能收公司回扣，現在沒有被發現，不代表未來會沒事，請別拿自己的名聲開玩笑。

- ●「氣」：上班不能生氣，畢竟和氣才能生財，話說出口之前先想想，有沒有更好的做法來轉換當下的心情。
- ●「毒品」：不能接近毒品，這應該…不用特別說原因吧。
- ●「女人」：好啦～我先自己承認，吧台對調酒師來說，是工作的地方，有的時候也是狩獵的地方，就…有的時候也想要多聊幾句、交個朋友。有些舉動在酒吧發生是貼心的表現，出了酒吧就是搭訕，甚至會讓人有點不太舒服，舉例來說像是想要加LINE、IG分享店裡的活動訊息算是客源開發的一種方式；但你在路上要加陌生人的LINE…還是不要好了。再來真的不要玩女人，你大膽摸了女人的手，被別人看到拍成Reels短片上傳，自以為是檯面下的高明之舉，結果被幾百個人看到，網路時代拉近了「新知的距離」，但「拉長了與人的距離」，愛惜自己也愛惜他人，是想讓這個圈子記得你的調酒技術還是喇妹功夫？請好好三思啊，不要拿自己的前途開玩笑。

## Rule 2：不被時間蒙蔽雙眼

想要在調酒這行做得長久，有兩種基本的狀態，第一種：其他行業做不來，第二種：個人表現相當出色。那如果已經知道自己是第一種人，該如何朝第二種類型前進呢？首先，不能因為待著舒適而不努力，要想辦法讓自己的技術更進步，創造難題給自己克服，時時閱讀更多調酒知識精進，不然…久而久之只會將自己困住動彈不得。像我們這種老吧台，雖然已經年紀一把，椎間盤突出又不能久站，但還是不能畫地自限，成為那種只會指使別人做事的一張老臭嘴，現在的調酒文化隨時都在革新，跟以前那種史前時代的氛圍不同，人們想要品嘗更多酷的、驚豔的、創造快樂體驗的調酒，因此「保持好奇心」成為調酒從業人員的最大課題，為了不讓自己越來越僵硬，大家要好好加油！

## Rule 3：相信時間能為自己累積實力

以下這段話想要送給年輕的調酒師們。

孩子啊，給自己三年的時間無條件學習，再花五年的時間奠定自己在業界的定位與風格，最後用九年的時間搭建屬於自己的空間，傳承自己的理念。我只能說，如果想要以固定上下班、穩定高收入為這個工作前提，可能…真的有點難為你客製化這些需求，要讓每件事在吧台順利地進行，前置作業時間可能就將近公務員的上班時數，接下來回到吧台洗杯子、擦杯子、擦酒瓶、盤點、備各種料…還不包含要學習做調酒跟討論酒單的時間喔～希望對這行有興趣的孩子看到這，不會直接把這本書燒掉。我這麼說好了，「調酒師」不太能被當作一般工作看待，除了熟悉調酒技術，還需要一些藝術氣息、美感、對風味搭配的直覺、個人風格，才能拿起這個頭銜，因此入行前期真的需要花很多時間了解調酒並激發出自己的風格。我相信只要是為了自己的理想拚命的人，一定也會在工作、生活、理想之間拉鋸掙扎，如果你看完以上實境仍很確定想走這條路，請給自己三年的時間，接收不同的資訊，好好面對眼前的問題，不要輕易放棄，也不要忘了自己為何喜歡調酒的初衷。

　　雖然這是一本調酒的書，但好像也說了滿多做人的道理，欸對了～我也想特別講一下，有些客人看到我們調酒很帥，就想要進入這個業界，客倌真的請您要三思再三思！就像前面提到的，除了調酒之外，我們每天都要做很多前置作業、

打烊收吧、課後練習,甚至有可能會打亂睡眠時間。我知道調酒是一件很迷人的事情,但將興趣轉變為工作之後,就不見得能好好享受在其中了,先當個Home Bartender,之後我們再來談XD

## 想修煉成調酒師必備的兩顆心

本書寫到這裡告一段落,很謝謝大家看到這邊,我想當你剛開始翻閱的時候,應該都想知道該怎麼當一個好的調酒師,書中沒有分享比賽獲勝的密技或是開店的撇步,要做出動人的調酒作品,最重要的還是擁有一顆「喜歡調酒的初心」,以及「不被世態炎涼抹滅的好奇心」。我們為什麼喜歡調酒?為什麼成為這樣的調酒師?又想要朝怎樣的方向前進?我將自己的故事交給你,希望未來有機會能聽到你的故事。

## Recipe 1
# 杜蘭朵35年

## 材料

泥煤味威士忌⋯15ml
白蘭地⋯30ml
紅香艾酒⋯20ml
PX 雪莉酒⋯10ml
D.O.M 法國廊酒⋯10ml
裴喬氏苦精⋯8Drop
安格氏原味苦精⋯3Drop

## 做法

1 將所有材料加入 Mixing Glass 中，加冰攪拌均勻後倒入放了大冰的杯中。
2 裝飾：最後以三角形橙皮點綴即完成。

| ·選用杯型· | ·風味· | ·喝法· |
|---|---|---|
| 威士忌杯（先冰杯） | 泥煤、煙燻、葡萄、雪莉酒、苦味 | 直接喝 |
| ·調製法· | ·口感· | ·適飲時間· |
| Stir | 濃郁醇厚、偏甜 | 25分鐘 |
| ·冰塊· | ·裝飾· | ·品飲溫度· |
| Rock | 三角形橙皮 | 1~3℃ |

喝杯酒，換人生故事

「你們有杜蘭朵 35 年嗎？」一位小姐坐下來劈頭就問。

「我們店裡沒有耶～還是有別的妳想喝的嗎？」我尷尬地搖搖頭。

「我以為你們酒吧裡什麼酒都有欸…」小姐無神地看著我說。

基本上當一名調酒師，需要有限度的解讀客人當下的表情，來判斷接下來要如何回應。但在她的眼中，我只有看到許多醉意，什麼情緒都感覺不到。這時候能幹的助手偷偷將手機塞給我，螢幕上寫著四個字「華燈初上」。挫賽，我還沒看這部，求救的眼神望向助理，她又飛快地在螢幕上寫下：「日式酒吧姐妹間的故事，懂？」

懂。

「感覺妳剛才喝過了耶，妳還可以嗎？」我問著對面的小姐，順勢遞給她一杯水。

「剛從店裡過來，是有喝一點」她把水推開。

「妳也是酒吧業的嗎？怎麼這麼早就下班了？」我好奇地問。

「嗯～算是吧！我在條通上班，今天提早下班，因為店裡有個我再也不想看到的人」，感覺她的情緒有點上來了。

這位客人叫做小蜜，看起來很年輕，但已經是當家小姐，手下帶了幾個剛來的妹妹，而其中一位深得她心，當作心腹、親妹妹一樣疼愛，小蜜傳授許多看家本事給她，像是怎麼喝不容易醉、遇到怎樣的客人該怎麼應付、要怎麼保護自己…等。但小蜜的真心付出，卻換回冷血的背叛，妹妹私底下搶客人、無風起浪的造謠破壞小蜜的形象，今天傳到小蜜耳裡，心情大受打擊，請了個早退，把自己灌醉。

「所以妳才想喝杜蘭朵 35 年嗎？」

「嗯～你如果有看華燈初上，應該就能理解為什麼我想喝這杯酒了」

「我還沒看，我下班時會補一下進度。不然讓我為妳做一杯屬於妳的杜蘭朵吧。這杯酒是經典調酒『老廣場』的改編，我加了有海風、泥煤味的威士忌，味道有點鹹鹹的，像是眼淚，也像大海，乘載好多悲歡離合，卻也孕育很多可能性。辛苦妳了，希望妳不要灰心，相信未來會更好的，好嗎？」

「我聽你在豪洨」小蜜的眼角笑了，率性地乾杯後，買單走人。

Recipe 2

# 貓王三明治

## 材料

黑蘭姆酒…45ml
貝禮詩奶酒…30ml
莫札特白巧克力酒…30ml
香蕉利口酒…15ml
無顆粒花生醬…2 Bsp
Espresso…45ml
OATLY燕麥奶…30ml

## 做法

1 先裝飾杯子：將巧克力隔水加熱至融化，取一個杯子，倒扣杯口沾上巧克力，再讓杯口朝上，讓巧克力自然往下流；然後取一根吸管沾巧克力，甩在杯壁邊緣，冰入冰箱，備用。接著製作裝飾物，用香蕉乾（稍微有點水分的香蕉乾比較好捲）捲入捲心酥後固定。
2 將所有材料放入雪克杯中，加冰搖盪均勻後濾至杯中。
3 裝飾：放上香蕉乾捲心酥即完成。

---

·選用杯型·
高口聞香杯（先冰杯）

·調製法·
Shake

·冰塊·
一般

·風味·
香蕉、巧克力、花生、
咖啡、燕麥奶

·口感·
口感濃稠、偏甜

·裝飾·
巧克力、香蕉乾捲心酥

·喝法·
邊吃捲心酥邊喝

·適飲時間·
20分鐘

·品飲溫度·
1~3°C

　　我一個朋友是婚禮歌手，就叫他達叔吧，達叔在年初、年尾的時候特別忙，有時候完全感受不到少子化的現象，鼎盛時期一天接三場都是小 Case，肺活量跟久站不朽的能力，真的是很適合加班的體質。

　　通常會是在 Last call 的時間，能盼到達叔的出現，沒了魂的輕盈步伐左飄移右飄移，降落在吧台最靠門口的位置。

「又沒吃飯？」
「嘿嘿～」
「就想喝酒？」
「嘿嘿！」

　　這是達叔老是不改的飲食壞習慣，他對吃東西沒什麼概念，能入口的都不挑，不過據我觀察，達叔好像滿喜愛複合式餐食的，一個大盤裡什麼都有，甜的鹹的在眼前任君挑選。但在這個凌晨時分，冰箱裡只剩花生醬、香蕉、培根、苦瓜汁、皮蛋…

「達叔要喝苦瓜皮蛋汁嗎？」
「嗯？」
「好，我知道了，那我做貓王三明治給你喝」
「還是我去隔壁吃熱炒就好？」

　　貓王三明治的由來呢，是貓王的管家為了快速變出一頓有營養的食物而誕生的傳奇三明治。一層吐司抹上花生醬、一層吐司三片香蕉、一層吐司鋪滿培根，夾！夾！夾！入口的綿軟果甜，遇到濃郁堅果流沙、喀ㄘ油脆肉紙，令人食指大動。這杯調酒取其風味，以香蕉巧克力口味的奶酒鋪底，再淋上高熱量的花生醬增加飽足感，像是在吃點心，適合想喝酒又不想吃正餐的時刻。

「怎麼會這樣，好喝ㄟ」達叔喜歡。

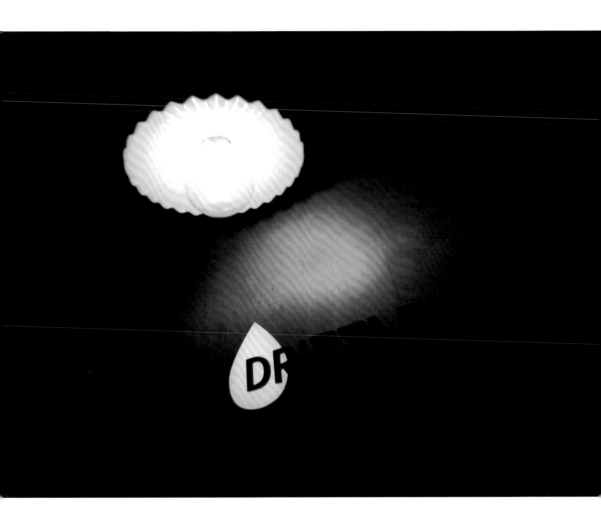

# 台南的異鄉人

**材料**

LoneWolf Dry Gin 狼琴酒…50ml
Monin 杏仁風味糖漿…15ml
甜酒釀…2匙
黑糖風味糖漿…10ml
杏仁奶…20ml
蛋黃…10ml

**做法**

1 將所有材料放入雪克杯中，先用手持攪拌機完全攪拌均勻，加冰搖盪均勻後濾至杯中。

2 裝飾：用圓形模具將鹹蛋黃切成圓形，組合成一頂小帽子，在杯口放上米餅和鹹蛋黃，最後以薄荷葉、食用花點綴即完成。

| ·選用杯型· | ·風味· | ·喝法· |
|---|---|---|
| 笛型杯（先冰杯） | 黑糖、甜米釀、杏仁 | 邊吃米餅、鹹蛋黃邊喝 |
| ·調製法· | ·口感· | ·適飲時間· |
| Shake | 濃稠、厚實、偏甜 | 20分鐘 |
| ·冰塊· | ·裝飾· | ·品飲溫度· |
| 一般 | 米餅、鹹蛋黃、薄荷葉、食用花 | 1~3℃ |

　　如果站在信義路上大喊：誰是北漂仔！！！大概有八成的居民會探頭出來跟你說：「欸我是，怎麼了嗎？」

　　台北到處都有異鄉人，離家三百里是為了更好的工作機會、更多樣的資源，追求更好的生活，期待有一天能光宗耀祖，讓爸媽感到驕傲。不過還是有很多寂寞的時刻、懷疑自己的當下、水土不服的彆扭，每個無助的瞬間其實很想一個轉身捱向親人的肩背，任性地依靠取暖。

　　我懂異鄉人的孤單，很掙扎的。

　　每週五晚上，Jully 例行出現，一手提包、一手拿電腦，總會保留兩席給她，一人一座，電腦包包放旁邊。Jully 在台北打拼了十年，從小助理做起，直到最近有點起色，升上小主管的位階，三十二歲了，想必很多人在這個年紀，會被家人關心未來的打算、有沒有另外一半、什麼時後要買房生小孩、下一次回家是什麼時候，老家的關切越發沉重，卻也更加真實。

「真有點想家了」
「不是上週才回去過？」
「在台北打拼這麼久，好像也沒有自己想得這麼順利，還在為了下個月的房租苦惱，很想再努力一點升到更高的位子，不過…我好像真的跟台北人不合吧」
「妳是哪裡人？」
「台南，我想要點一杯想家的味道」

　　原來是台南人啊，難怪都喜歡喝很甜的調酒，那今天就特調一杯超爆甜讓客倌滿意 (*´∀`)~♥杏仁奶～加！甜酒釀～加！黑糖～加加！超 Heavy 甜蜜程度直接與靈魂來個最熱情的擁抱。一直很擔心自己會不會加的太爽，但 Jully 喝了之後直接笑了出來，看起來應該是還可以？

「好啦！我會回家啦，不用這樣明示我 XD」

**Recipe 4**

# 選擇的勇氣

## 材料

普洱茶伏特加[註1]…50ml
菊花糖漿[註2]…30ml
澄清檸檬汁…20ml
薑汁汽水…50ml
牛奶花生泡沫[註3]…Top

## 做法

1 將所有素材（薑汁汽水除外）加入 Mixing Glass 中。

2 先攪散菊花風味糖漿，加冰攪拌均勻至降溫後倒入杯中。

3 裝飾：先鋪上一層牛奶花生泡沫，泡沫上放幾顆現剝的帶皮花生即完成。

| ·選用杯型· | ·風味· | ·喝法· |
|---|---|---|
| 無底聞香杯（先冰杯） | 菊花、普洱茶、薑 | 搭著牛奶花生泡沫一起喝 |
| ·調製法· | ·口感· | ·適飲時間· |
| Stir | 酸甜適中、微苦、氣泡、綿密 | 15分鐘 |
| ·冰塊· | ·裝飾· | ·品飲溫度· |
| 一般 | 帶皮花生 | 1~3˚C |

這是阿問的故事。

阿問是一名咖啡師，在我們認識之前，他不太喝調酒，但特別喜歡琴酒。每次他來，所有內外場都要準備迎接他一百個問題，有什麼琴酒可以選？為什麼這杯調酒要配這支琴酒？啊為什麼 Ramos 的泡泡會浮起來？Shake 要怎麼知道裡面的東東混合均勻了？廁所在哪？我是誰我在哪？通常店家對問題「很多」的客人，聊久了難免會覺得有一點點煩，但阿問天真無邪的神情，實在讓人煩不起來。

因緣際會之下，阿問來上班了，說想要學習調酒的風味，回憶過去那段日子，阿問不是在準備調酒比賽，就是在前往比賽場地的路上。其實，接觸調酒的初期，多參加比賽能快速累積經驗值，也更能加強對於調酒風味與故事結構的掌握度。

某天下班，收吧之餘互相噴一些垃圾話舒緩身心，此時阿問突然說：「我以後要是繼續調酒，還能當咖啡師嗎？」

隨著年紀增長，我們漸漸能感受到只用單一角度思考的不足，中華民國也沒有規定一個人只能有一種身份，你可以是咖啡師，也可以是調酒師，只要你付出勇氣，就可以學習到不同思維之下的想法，這一切過程都會是未來的養分，給自己一個理由探險，宇宙能回饋的不只是開拓視野的驚喜。

後來阿問在板橋開了一間咖啡廳，風味組合成為他在行的技能，以咖啡為本，創作更豐富的作品。

這杯選擇的勇氣，獻給我的徒弟阿問。

### 註1──普洱茶伏特加

**材料**

普洱茶葉…15g
伏特加…300ml

**做法**

1 將所有材料放入真空袋後抽真空。
2 以58°C低溫烹煮30分鐘,降溫後整包放冷凍庫冰一晚。
3 隔天取出後以咖啡濾紙過濾即可。

### 註2──菊花糖漿

**材料**

雪莉酒(Dry)…100ml
乾燥菊花…10g
白酒…100ml
白砂糖…160g

**做法**

1 將所有材料放入真空袋後抽真空。
2 以60°C低溫烹煮90分鐘。
3 冷卻後粗濾混勻即可。

### 註3──牛奶花生泡沫

**材料**

市售牛奶花生(含料)…550ml
有糖豆漿…150ml
植物性鮮奶油…200ml

**做法**

所有材料混合後打入Cream gun。

# 一杯入魂！調酒師的修煉與思考

酒杯裡的有價技術解密、酒譜創作與酒吧苦甘日常

| | | | | |
|---|---|---|---|---|
| 作者 | Allen 鄭亦倫 | | 傳真 | （02）2218-1142 |
| 採訪撰文 | Emily 張家宜 | | 電郵 | service@bookrep.com.tw |
| 美術設計 | TODAY STUDIO | | 客服電話 | 0800-221-029 |
| 責任編輯 | 蕭歆儀 | | 郵撥帳號 | 19504465 |
| | | | 網址 | www.bookrep.com.tw |
| 總編輯 | 林麗文 | | 團體訂購請洽業務部（02）2218-1417 分機 1124 | |
| 副總編 | 梁淑玲、黃佳燕 | | | |
| 主編 | 高佩琳、賴秉薇、蕭歆儀 | | 法律顧問 | 華洋法律事務所 蘇文生律師 |
| 行銷企劃 | 林彥伶、朱妍靜 | | 印製 | 博創印藝文化事業有限公司 |
| 社長 | 郭重興 | | 初版一刷 | 西元 2023 年 4 月 |
| 發行人 | 曾大福 | | 定價 | 580 元 |
| | | | 書號 | 1KSA0020 |
| 出版 | 幸福文化／遠足文化事業股份有限公司 | | ISBN：9786267184868 | |
| 地址 | 231 新北市新店區民權路 108-1 號 8 樓 | | ISBN：9786267184929（PDF） | |
| 粉絲團 | Happyhappybooks | | ISBN：9786267184936（EPUB） | |
| 電話 | （02）2218-1417 | | | |
| 傳真 | （02）2218-8057 | | 著作權所有・侵害必究 All rights reserved | |
| 發行 | 遠足文化事業股份有限公司 | | | |
| 地址 | 231 新北市新店區民權路 108-2 號 9 樓 | | | |
| 電話 | （02）2218-1417 | | | |

國家圖書館出版品預行編目（CIP）資料

一杯入魂！調酒師的修煉與思考：酒杯裡的有價技術解密、酒譜創作與酒吧苦甘日常／ Allen 鄭亦倫著. -- 初版. -- 新北市：幸福文化出版社
出版：遠足文化事業股份有限公司發行，2023.03 256 面；17×23 公分 ISBN 978-626-7184-86-8（平裝） 1.CST：調酒
427.43 112001539

# NOT JUST A BARTENDER